全国职业院校技能大赛
中职服装设计制作竞赛推荐教材

新原型服装工业制板

陈桂林　宋泮涛　周明军　著

U0279765

中国纺织出版社

内 容 提 要

本书以文化式第八代原型为基础平台,全面系统地介绍新原型的结构设计原理,主要内容包括原型制板技术原理和省道变化,重点分析了女装工业制板中的结构造型特点与板型设计技巧。结构处理方法采用图文并茂的方式,按步骤进行讲解,再结合新原型制板的特点,以具体的操作步骤指导读者进行原型法工业制板。

作为全国职业院校技能大赛中职服装设计制作竞赛的推荐教材,书中特别为备赛选手提供了技能模块化训练和心理素质训练。

本书适合大中专服装院校师生、服装企业技术人员、短期培训学员、服装爱好者作为学习教材使用。

图书在版编目(CIP)数据

新原型服装工业制板 / 陈桂林,宋泮涛,周明军著 .—北京:中国纺织出版社,2014.1(2023.2重印)

全国职业院校技能大赛中职服装设计制作竞赛推荐教材

ISBN 978-7-5064-9832-6

Ⅰ.①新… Ⅱ.①陈… ②宋… ③周… Ⅲ.①服装量裁—中等专业学校—教材 Ⅳ.① TS941.631

中国版本图书馆 CIP 数据核字(2013)第 114503 号

策划编辑:华长印　　责任编辑:杨美艳　　责任校对:寇晨晨
责任设计:何　建　　责任印制:何　建

中国纺织出版社出版发行
地址:北京市朝阳区百子湾东里A407号楼　邮政编码:100124
邮购电话:010 — 67004461　传真:010 — 87155801
http://www.c-textilep.com
E-mail:faxing@c-textilep.com
唐山玺诚印务有限公司印刷　各地新华书店经销
2014年1月第1版　2023年2月第4次印刷
开本:787×1092　1/16　印张:16
字数:244千字　定价:36.00元

凡购本书,如有缺页、倒页、脱页,由本社图书营销中心调换

序

原型法是通行的服装平面结构设计的技法，具有易于学习掌握、易于设计变化等诸多优点。原型法提供了以形象思维为主的方式进行制板的基础，原型作为体型覆盖面很大的人体内限模板，为设计者解除了合体问题的后顾之忧，极大地减少了计算、绘制基础线的重复劳动，设计线条大多可按照类似绘画线条的方式处理，极大地丰富了服装造型款式设计的技术平台。

近日，陈桂林老师送来他的新作《新原型服装工业制板》书稿，请我提意见并代为作序，因为现在市面上类似的书籍种类非常之多而内容大同小异，所以一开始我并没有急于下笔。

细读《新原型服装工业制板》一书，发现确实与同类书籍有很多不同之处，归纳起来有以下几点。

1. 体现了新的课程理念

在"工作过程导向"课程模式指导下，本书以工作过程为导向：以职业行动领域为依据确定专业技能定位，并通过以实际案例操作为主要特征的学习情境使其具体化。"行动领域——学习领域——学习情境"构成了该书的内容体系。

2. 坚持了"工学结合"的教学原则

在教材的编写过程中，作者力求做到在教材的编写内容上体现"工学结合"的思想。教材的内容力求取之于工，用之于学，既吸纳本专业领域的最新技术成果，也反映了工业服装制板的特点。它理论联系实际、深入浅出、系统全面地论述了第八代文化式服装原型使用方法，并以大量的实例介绍了工业纸样的应用原理、方法与技巧。

3. 教材内容简明实用

教材内容精练、与企业的工业化服装制板紧密联系，以便读者能够更好地掌握工业服装制板操作技能。本书合理的总结概括，并遵循企业工业化服装制板顺序进行图文并茂的讲解，体现了简明、实用的特点。

陈桂林老师结合多年丰富的企业实践经验和教学心得，编写了《新原型服装工业制板》一书。该书以科学发展观为指导，以职业活动课程体系为导向，以应知、应会为依据，以职业能力为核心，满足职业教育发展的需求。此教材以与企业接轨为突破口，以专业知识为核心内容，在避免知识点重复的基础上做到精练实用。

《新原型服装工业制板》一书，不仅是一本理论兼顾实操的教材，同时也是一本不可多得的工具书。希望本书的出版，为服装院校更好地深化教育教学改革提供帮助和参考，这对于推动服装教育紧跟产业发展步伐和企业用人需求，创新人才培养模式，提高人才培养质量也具有积极的意义。

全国职业院校技能大赛

中职服装设计制作竞赛裁判长

2012年8月　长沙

前言

　　原型法是通行的服装平面结构设计技法，具有易于学习掌握、易于设计变化等诸多优点。原型法是将大量测得的人体体型数据进行筛选，以人体基本部位和若干重要部位的比例形式来表达各部位以及相关部位结构的最简单的基本样板，然后再用基本样板通过省道变换、分割、收褶、转省、切展等工艺形式变换构成较复杂的结构图。鉴于原型制板的优势，全国职业院校技能大赛中职组服装设计制作竞赛项目规定用第八代文化式原型为制板方法。目前，国内采用第八代文化式原型为基础出版的服装教材并不多，为了解决众多中职学校的需求，我编写了《新原型服装工业制板》一书。该书以科学发展观为指导，以职业活动课程体系为导向，以应知、应会为依据，以职业能力为核心，满足职业教育发展的需求。此教材以与企业接轨为突破口，以专业知识为核心内容，争取在避免知识点重复的基础上做到精练实用。

　　为了使教材更贴近工业制板，每款服装的纸样都经过成衣验正效果后才收写教材中去。书中的图形全部按1∶1纸样截图后，再用Coredraw软件进行处理，以确保图形不会变形。本书根据服装纸样设计的规律和服装纸样放缩的要求，结合现代服装纸样设计原理与方法，科学地总结了完整易操作的打板方法。此方法能够很好地适应各种服装款式的变化和不同号型标准的纸样放缩，具有原理性强、适用性广、科学准确、易于学习掌握的特点，在实际生产中有很强的应用性。

　　《新原型服装工业制板》针对竞赛项目专门设置了项目模块化教学、选手技能模块化训练、选手心理素质训练几个板块，为各中职学校备赛训练提供了指导式的实施方案。本书不仅适合大中专服装院校师生、服装企业技术人员、短期培训学员、服装爱好者作为学习教材，也可作为全国职业院校技能大赛中职服装设计制作竞赛的参考教材，同时对广大服装爱好者也有参考价值。

　　本书在编写过程中，得到了李亮、袁小芳等朋友的热心支持，在此一并致谢！由于编写时间仓促，书中难免有不足之处，敬请广大读者和同行批评赐教，提出宝贵意见。

2013年3月

目录

第一章　服装制板基础知识

服装工业制板是建立在批量测量人体并加以归纳总结得到的系列数据基础上的裁剪方法。该类型的裁剪最大限度地保持了消费者群体体态的共同性与差异性的对立统一。

服装工业化生产通常都是批量生产，从经济角度考虑，厂家自然希望用最少的规格覆盖最多的人体。但是，规格过少意味着抹杀群体的差异性，因而要设置较多数量的规格，制成规格表。值得指出的是：规格表当中的大部分规格都是归纳过的，是针对群体而设的，并不能很理想地适合单个个体，只可以一定程度地符合个体。

在服装企业生产过程中，服装工业制板或工业纸样是依据规格尺寸绘制基本的中间标准纸样（或最大、最小的标准纸样），并以此为基础按比例放缩推导出其他规格的纸样。

第一节　服装号型与人体测量

一、服装号型标准的概念

1.服装号型标准设置的意义

服装的工业化生产，要求相同款式的服装生产多种规格的产品并组织批量生产，以满足不同体型的穿着需求，服装号型规格正是为满足这一需求而产生的。初期的服装号型规格是各地区、各厂家根据本地区及本企业的特点制订的，随着工业化服装生产的不断发展，区域的界线逐渐模糊，商品流通范围不断扩大，消费者对产品规格的要求日益提高。为了促进服装业的发展，便于组织生产及商品流通，需将各地区、各企业的号型规格加以统一规范。因此，根据我国服装生产的现状及特点，制订了全国统一的服装号型标准。1991年正式颁布实施了GB1335—1991《服装号型》国家标准，随后又在该标准基础之上进行了修订，使之更加科学化、实用化，并向国际服装号型标准靠拢。1997年，颁布实施了GB1335—1997《服装号型》国家标准，2008年进行了再次的修订，并颁布实施了GB1335—2008《服装号型》国家标准。

号型标准中提供了科学的人体结构部位参考尺寸及规格系列设置，可由服装设计师或纸样设计师根据目标市场的具体情况采用。号型标准是设计、生产和流通领域的技术标志和语言，服装企业根据号型标准设计生产服装，消费者根据号型标志购买尺寸规格适合于自身穿着的服装，因此，服装设计者及生产者应正确地掌握和了解号型标准的全部内容。

2.服装号型标准的概念

（1）号型的定义

①号：指人体的身高，以cm为单位，是设计和购买服装时长短的依据。

②型：指人体的胸围或腰围，以cm为单位，是设计和购买服装时胖瘦的依据。

③体型：仅用身高和胸围还不能很好地反映人体的形态差异，因为具有相同身高和胸围的人，其胖瘦形态也可能会有较大差异。按照一般规律，体胖者腹部一般较丰满，胸腰的差值较小。因此，新的号型标准以人体的胸围与腰围的差数为依据，将人体体型分为Y、A、B、C四种类型。从Y型到C型胸腰差值依次减小，Y体型为瘦体型，A体型为正常体型；B体型为胖体型；C体型为肥胖体型。A体型的覆盖率最高。各体型的胸腰差值见表1-1。

表1-1　体型分类和胸腰差值表

体型代码	Y（瘦体型）	A（正常体型）	B（胖体型）	C（肥胖体型）
大概所占比例	21%	47%	18%	14%
女性	19~24	14~18	9~13	4~8
男性	17~22	12~16	7~11	2~6

注　大概所占比例是指四种人体体型在整个适龄人群中的所占比例。

（2）服装号型的标志

服装号型表示方法：号与型用斜线隔开，后接人体分类，例如：上装160/84A表示该服装适合于身高为158~162cm、胸围为82~86cm、体型为A的人穿着；下装160/68A表示该服装适合于身高为158~162cm、腰围为66~70cm、体型为A的人穿着。

二、服装号型系列设置

1.分档范围

（1）基本部位规格分档范围

人体尺寸规格分布是在一定范围内的，号型标准并不包括所有的穿着者，只包括绝大多数穿着者。因此，服装号型对身高、胸围和腰围确定了分档范围，超出此范围的属于特殊体型，见表1-2。

表1-2　基本部位规格分档范围表　　　　　　　　　　单位：cm

部位	身高	胸围	腰围
女子	145~175	68~108	50~102
男子	150~185	72~112	56~108

（2）中间体

根据人体测量数据，按部位求得平均数，并参考各部位的平均数确定号型标准的中间体。人体基本部位测量数据的平均值和基本部位的中间体确定值，分别见表1-1和表1-2。一般情况下，应尽量以成衣规格的中间号型制作基码（又称母板），以减少放缩时产生的累计误差（表1-3、表1-4）。

表 1-3　人体基本部位平均值表

单位：cm

部位		Y	A	B	C
女子	身高	157.13	157.11	156.16	154.89
	胸围	83.43	82.26	83.03	85.78
男子	身高	169.16	169.03	165.14	166.01
	胸围	86.79	84.76	86.48	91.22

表 1-4　人体基本部位中间体确定值表

单位：cm

部位		Y	A	B	C
女子	身高	160	160	160	160
	胸围	84	84	88	88
男子	身高	170	170	170	170
	胸围	84	88	92	96

2. 服装号型系列设置

5.4系列：体高按5cm推板，胸围或腰围按4cm推板。

5.2系列：体高按5cm推板，腰围按2cm推板。

5.2系列与5.4系列配合使用，5.2系列只用于下装。

推板数值又称为档差。以中间体为中心，向两边按档差依次递增或递减，形成不同的号和型，号与型进行合理的组合与搭配形成不同的号型，号型标准中给出了可以采用的号型系列。

3. 控制部位

（1）人体控制部位

仅有身高(颈椎高和头高构成)、胸围、腰围和臀围还不能很好地反映人体的结构规律，不能很好地控制服装的尺寸规格，也不能很好地控制服装的款式造型。因此，还需要增加一些人体部位尺寸作为服装控制部位尺寸规格。根据人体的结构规律和服装的结构特点，号型标准中确定了10个控制部位，并把其分为高度系列和围度系列，其中体高、胸围和腰围又定义为基本部位，见表1-5。

表1-5　人体控制部位表

高度	头高	身高	颈椎点高	坐姿颈椎点高	腰围高	全臂长
围度	胸围	腰围	臀围	颈围	臂围	总肩宽

（2）人体测量

人体测量是指测量人体有关部位的长度或高度、宽度或围度等作为服装结构制图时的直接数据来源。人体测量是用皮尺贴附于人体体表（仅穿内衣）测量净体尺寸，在净体规格基础上，按照人体运动量、服装款式风格和穿着层次等确定加多少放松量。

如表1-6所示，测量时要求被测者姿态自然端正、呼吸正常、不能低头、不能挺胸等。测量时皮尺不宜过紧或过松，保持横平竖直。以免影响所量尺寸的准确性。

表1-6　测量示意表

序号	测量部位	测量方法	测量示意图
1	体高	用皮尺从头顶垂距量至人体足跟骨（地面）	体高　颈椎点高　坐姿颈椎点高
2	颈椎点高	用皮尺自第七颈椎点垂距量至人体足跟骨（地面）	
3	坐姿颈椎点高	用皮尺从第七颈椎点垂距量至臀部（正坐）	
4	头高	用皮尺从头顶垂距量至第七颈椎点（肩中部）	头高　背长　后腰节长
5	背长	用皮尺从第七颈椎点通过背部垂距量至人体腰部最细处	
6	后腰节长	用皮尺从颈肩点通过背部垂距量至人体腰部最细处	
7	前腰节长	用皮尺从颈肩点经过胸部垂距量至人体腰部最细处	前腰节长　手臂长　腰围高
8	手臂长	用皮尺从肩端点量至手臂腕关节的直线距离	
9	腰围高	用皮尺自人体腰部最细处垂距量至人体足跟骨（地面）	

续表

序号	测量部位	测量方法	测量示意图
10	人体袖窿深	用皮尺从肩端点垂距量至人体腋底处（用直尺水平放置人体腋底）	人体袖窿深　臀高　腰至膝
11	臀高	用皮尺从人体腰部最细处量至人体臀部最丰满处	
12	腰至膝	用皮尺从人体腰部最细处量至人体膝盖处	
13	肩宽	用皮尺测量左右肩端点之间的水平距离	肩宽　背宽　胸宽
14	背宽	用皮尺测量左右后袖窿之间的水平距离	
15	胸宽	胸廓两侧最突出部位间的横向水平直线距离	
16	头围	用皮尺水平测量人体头部一周的围度	头围　颈围　臂根围
17	颈围	用皮尺经侧颈点水平测量颈根部一周的围度	
18	臂根围	用皮尺水平测量人体手臂腋底一周的围度	
19	肘围	用皮尺水平测量手臂肘关节一周的围度	肘围　腕围　胸距
20	腕围	用皮尺水平测量手臂腕关节一周的围度	
21	胸距	用皮尺测量左右胸点之间的水平距离	
22	胸围	用皮尺经人体胸点水平测量一周的围度	胸围　腰围　臀围
23	腰围	用皮尺经人体腰部最细处水平测量一周的围度	
24	臀围	用皮尺经人体臀部最丰满处水平测量一周的围度	

续表

序号	测量部位	测量方法	测量示意图
25	大腿根围	用皮尺水平测量人体大腿底部一周的围度	
26	上裆深	用皮尺从人体腰部最细处垂直量至人体大腿底部的距离	大腿根围　上裆深　裆总长
27	裆总长	用皮尺从人体腰部最细处前中点经人体胯下量至人体腰部最细处后中点的距离	

（3）控制部位的数值及档差

各控制部位与基本部位之间相关联，基本部位按照档差跳档时，控制部位也按照一定的档差相应变化。通过人体测量和数据处理，再将这些部位档差的相关数值加以取整数得到控制部位的档差，见表1-7及表1-8。

表 1-7　女子 5·4A 号型系列控制部位的数值表　　　　　单位：cm

部　位		控制部位的数值				档　差
长度部位	体高	155	160	165	170	5
	颈椎点高	130	134	138	142	4
	头高	25	26	27	28	1
	腰节高	39	40	41	42	1
	背长	36	37	38	39	1
	手臂长	50.5	52	53.5	55	1.5
	肩至肘	29	29.5	30	30.5	0.5
	腰至臀	17.5	18	18.5	19	0.5
	腰至膝	54	55.5	57	58.5	1.5
	腰至足跟	97	100	103	106	3
宽度部位	肩宽	37	38	39	40	1
	胸宽	32	33	34	35	1
	背宽	34	35	36	37	1
	乳宽	17.5	18	18.5	19	0.5
围度部位	颈围	33	34	35	36	1
	胸围	80	84	88	92	4
	腰围	64	68	72	76	4
	臀围	86	90	94	98	4
	臂根围	25	26	27	28	1
	腕围	15	16	17	18	1

表 1–8　男子 5·4A 号型系列控制部位的数值表　　　　　　　　单位：cm

部 位		控 制 部 位 的 数 值				档 差
长度部位	体高	165	170	175	180	5
	颈椎点高	140	144	148	152	4
	头高	25	26	27	28	1
	腰节高	41.5	42.5	43.5	44.5	1
	背长	43	44	45	46	1
	手臂长	53.5	55	56.5	58	1.5
	肩至肘	30.2	31	31.8	32.6	0.8
	腰至膝	59.5	61	62.5	64	1.5
	腰至足跟	99	102	105	108	3
宽度部位	肩宽	43.5	45	46.5	48	1.5
	胸宽	37.5	39	40.5	42	1.5
	背宽	40	41.5	43	44.5	1.5
围度部位	颈围	38	39	40	41	1
	胸围	86	90	94	98	4
	腰围	68	72	76	82	4
	臀围	88	92	96	100	4
	臂根围	29	30	31	32	1
	腕围	17	18	19	20	1

（4）服装规格尺寸测量

在进行服装规格尺寸测量时，首先要将服装铺放平整，用软尺和直尺进行测量，具体测量方法见图1–1~图1–3所示。

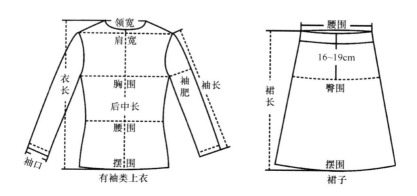

图 1–1　服装测量示意图 1

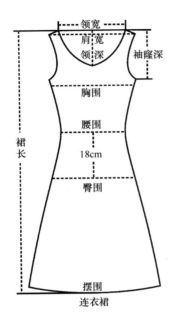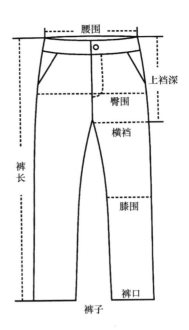

图 1-2　服装测量示意图 2

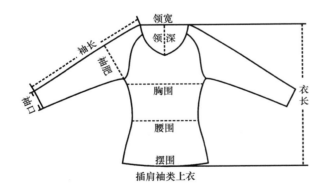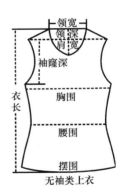

图 1-3　服装测量示意图 3

三、服装结构部位名称

裙子结构部位名称见图1-4，裤子结构部位名称见图1-5，上装结构部位名称见图1-6，袖子结构部位名称见图1-7。

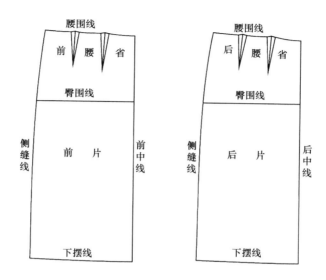

图1-4 裙装结构部位名称

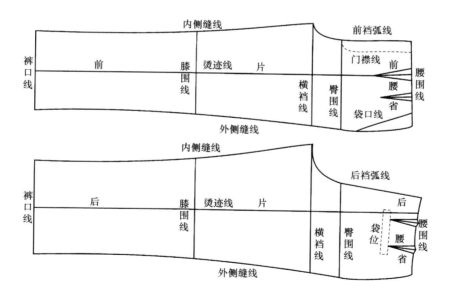

图1-5 裤子结构部位名称

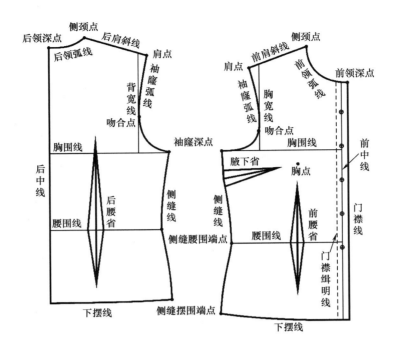

图1-6 上装结构部位名称

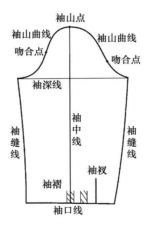

图1-7 袖子结构部位名称

第二节 服装制图工具

1.工作台（桌）

工作台（桌）用于服装结构设计（制板）、推板（放码）、裁剪服装。工作台（桌）

台面要平整，一般长200～300cm，宽100～180cm，高80～120cm（图1-8）。

2. 纸

制作服装纸样头样（制板结构图），北方采用牛皮纸、鸡皮纸、白板纸制图，南方采用透明度高的薄白纸制图。推板一般都选择牛皮纸、鸡皮纸、白板纸（图1-9、图1-10）。

图1-8　工作台（桌）　　　图1-9　白纸　　　图1-10　牛皮纸

3. 铅笔

用于制图和放码的铅笔，南方一般采用自动铅笔，北方采用普通绘图铅笔。常用的号型主要有HB、2B、B、H、2H、3H、4H、F。B型为软型，H型为硬型；HB型为中性的（软硬适中），比较常用。在制图过程中2H型用于基础线（辅助线），HB用于轮廓线（外部完成线）（图1-11、图1-12）。

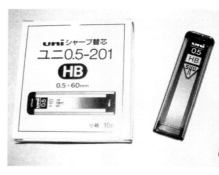

图1-11　自动铅笔　　　　　　　图1-12　自动铅芯

4. 尺

制图和放码用的尺，主要有放码尺、软尺（又称皮尺）、直尺、三角尺等。放码尺一般为45.7cm（18英寸），不但用于放码，在南方做制图也会用到。软尺的长度一般为150cm（约59英寸），软尺主要用于量体或量取图纸中曲线部分的弯度，见图1-13。

5. 剪刀

剪刀应选用裁剪专用剪刀，常用的有9号（24cm）、11号（28cm）、12号（30cm）等几种规格。剪布和剪纸要分开使用（图1–14）。

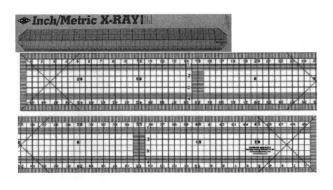

图 1–13　放码尺

图 1–14　剪刀

6. 刀眼钳

纸样制作完成后，应在必要的位置做好对位记号，如衣身的袖窿与袖片的袖山曲线要有对位记号（又称吻合剪口）。吻合剪口有U、V、T三种常用形状，做吻合剪口的深度一般在0.3～0.5cm最为适宜（图1–15）。

7. 橡皮

一般采用专用绘图橡皮，制图放码过程中出现偏差（错误）或需要修改造型线时，应擦掉不需要的线条，避免不必要的失误（图1–16）。

8. 锥子

主要用于纸样中省、褶、口袋、缉线等部位的定位，也可用于复制纸样（图1–17）。

图 1–15　刀眼钳　　　　　图 1–16　橡皮　　　　　图 1–17　锥子

9.双面胶带（透明胶带）

双面胶带（透明胶带）是用于纸样的粘贴、拼接、修正等（图1-18、图1-19）。

图 1-18　透明胶带座

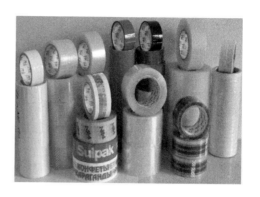

图 1-19　透明胶带和双面胶带

10.纤维带

纤维带通常宽度1cm左右，用于纸样分类管理（图1-20）。

11.人体模型（人台）

人体模型（人台）南方俗称"公仔"，主要用于纸样的检正，也可以做立体裁剪（图1-21）。

12.打孔器

打孔器用于纸样分类时的打孔，便于纸样挂放管理（图1-22）。

图 1-20　纤维带

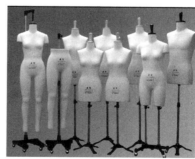

图 1-21　人体模型

图 1-22　打孔器

13.描线器

描线器（俗称滚轮）用于拷贝确认的衣片轮廓，描线器有圆齿和尖齿二种（图1-23）。

14.镇子

镇子（俗称压铁）用于拷贝或复制纸样时，固定纸样或使布样不滑动错位（图1-24）。

15. 挂钩

挂钩用于将纸样悬挂保存（图1-25）。

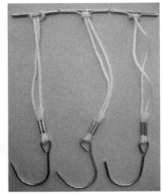

图 1-23　描线器　　　　　　图 1-24　镇子　　　　　　图 1-25　挂钩

第三节　服装制图符号与制图代号

一、服装常用制图符号表（表1-9）

表 1-9　服装常用制图符号表

序号	名称	符号形式	符号含义
1	粗实线 （轮廓线）	———————	表示完成线，是纸样制成后的外部轮廓线
2	细实线 （辅助线）	———————	制图过程中的基础线，对制图起到辅助作用
3	等分线	⌒⌒⌒	表示线段被分为二段或多段
4	虚线	- - - - - - - - -	用于缉明线或装饰线
5	等长	⟨⟨⟨⟩⟩	表示两条线段长度相等
6	等量	△ ○ □ ⟶ ∅ ∥ ……	表示两个或两个以上部位等量

序号	名称	符号形式	符号含义
7	直角		表示二条相交线呈垂直90°
8	重叠		表示有交叠或重叠的部分
9	剪切		剪切箭头指向要剪切的部位
10	合并		表示二个纸样裁片相连或合并
11	距离线		表示两点或两段间的距离
12	定位号（锥眼符号）		纸样上的部位标注记号，如袋位、省尖位置等
13	纱向线		表示对应布料的经向
14	倒顺线		顺毛或图案的正立方向
15	省		表示省的位置和形状
16	褶裥		表示褶裥的位置和形状
17	缩褶		表示吃势、容位、缩缝
18	拔开		指借助一定的温度和工艺手段将缺量拔开
19	归拢		指借助一定的温度和工艺手段将余量归拢
20	对位（吻合标记）		表示纸样上的两个部位缝制时需要对位

序号	名称	符号形式	符号含义
21	扣眼（纽门）		表示扣眼的形状或位置
22	纽扣		表示纽扣的形状或位置
23	正面标记		表示面料的正面
24	反面标记		表示面料的反面
25	罗纹标记		表示此处缝合裁片是罗纹
26	省略符号		表示省略长度
27	双折线		表示有折边或双折的部分
28	对条		表示裁片需要对条
29	对格		表示裁片需要对格
30	对花		表示裁片需要对花
31	净样符号		表示未加缝份的纸样
32	毛样符号		表示带有缝份的纸样
33	拉链符号		表示此处装拉链
34	花边符号		表示此处有装饰花边

续表

序号	名称	符号形式	符号含义
35	斜纹符号		表示面料斜裁
36	平行符号		表示两条直线或弧线间距相等
37	引出符号		表示此处要特殊说明
38	明褶符号		表示褶量在外的折裥
39	暗褶符号		表示褶量在内的折裥
40	黏合衬符号		表示此处有黏合衬
41	明线宽		表示此处缉明线及明线宽度
42	否定符号		表示此处有关内容作废

二、常用服装部位制图英文代号（表1–10）

表1–10　常用服装部位制图英文代号

序号	部位名称	英文全称	英文代号
1	胸围	Bust Girth	B
2	腰围	Waist Girth	W
3	臀围	Hip Girth	H
4	胸围线	Bust Line	BL
5	腰围线	Waist Line	WL
6	臀围线	Hip Line	HL
7	膝围线	Knee Line	KL
8	肘围线	Elbow Line	EL
9	前胸宽	Front Bust Width	FBW
10	后背宽	Back Bust Width	BBW
11	袖窿（夹圈）	Arm Hole	AH

序号	部位名称	英文全称	英文代号
12	后颈点	Back Neck Point	BNP
13	前颈点	Front Neck Point	FNP
14	肩端点	Shoulder Point	SP
15	肩宽	Shoulder Width	SW
16	胸（高）点	Bust Point	BP
17	头围	Head Size	HS
18	前中心线	Front Centre Line	FCL
19	后中心线	Back Centre Line	BCL
20	袖长	Sleeve Length	SL
21	反面	Wrong Side	WS
22	长度	Length	L
23	裙子	Skirt	S
24	裤子	Pants	P
25	上衣	Coat	C
26	领围	Neck Girth	N
27	摆围	Thigh	TH
28	长度(外长)	Length	L
29	长度(内长)	Inseamleg	I
30	前裆弧线	Front Rise	FR
31	后裆弧线	Back Rise	BR
32	脚口	Foot Girth	F
33	袖口	Cuff	C
34	袖长	Under Armsem	UA
35	帽高	Head Height	HH
36	帽宽	Head Width	HW
37	袖肥	Muscle	M
38	袖山高	Sleeve Cap Height	SCH
39	背长	Back Length	BL
40	省位	Dart Line	DL

第四节　服装成衣尺寸的制订

　　服装的规格尺寸是在人体基本尺寸的基础上，根据不同的款式，加上适当的宽松量。

服装的规格尺寸一旦确定以后，它就是服装工业生产的重要技术依据。有些规格尺寸表在标出规格尺寸外，还会注明主要的躯体尺寸。如果需要，可以根据躯体尺寸，判断规格尺寸的恰当与否。

在工业化生产中，成品服装的规格尺寸和标注的工业生产服装尺寸会有所差异，有些订单的成品尺寸表上，会给出允许范围内的公差量TOL（Tolerance）。服装的成品规格尺寸只要在规定的允许范围内的公差量，其尺寸就是可以接受的。在服装成衣的品质管理中，确保服装的成品尺寸符合规格尺寸是很重要的。尺寸过大或过小，都会影响穿着，影响服装的合体性。

一、国家号型标准

为了使服装生产出来能适合各地消费者，我们在进行成衣规格尺寸设计时，要用活国家号型标准。通过多年工业化生产的经验，我总结了一个简便的方法，那就是依国家号型标准为参考，把我国分为五个区域，将依据国家号型标准为参考，针对五个不同区域销售的服装特点进行细微地调整（表1-11）。

表 1-11 不同地区使用国家号型标准对照表

划分地区	东北地区	华北地区	华中地区	华南地区	西南地区
调整情况	依据国家号型标准三围一般要加2~3cm	依据国家号型标准三围一般要加1~2cm	完全参照国家号型标准	依据国家号型标准三围一般要减1~2cm	依据国家号型标准三围一般要加1cm左右
说 明	1.本表是依据同等身高情况下，五个地区女子三围尺寸差异 2.我国的国家号型标准也是同上述地区的适宜人群进行人体测量的平均值				

号型标准中提供了科学的人体结构部位参考尺寸及规格系列设置，可由服装设计师或纸样设计师根据目标市场的具体情况采用。号型标准是设计、生产和流通领域的技术标志和语言。服装企业根据号型标准设计生产服装，消费者根据号型标志购买尺寸规格适合于自身穿着的服装。因此，服装设计者及生产者应正确地掌握和了解号型标准的全部内容。

二、构成服装成衣尺寸依据

1. 放松量

（1）放松量相关要素（图1-26）。

（2）决定衣服长度比例尺寸（对设计图宽松量的审视）。

①对胸部宽松量的审视，见表1-12。

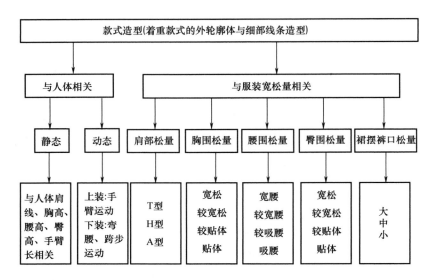

图 1-26　放松量相关要素

表 1-12　对胸部宽松量的审视

胸围–（净胸围+内衣厚）	完全掩盖人体胸部曲线+≥20cm	宽松风格
	稍显人体胸部曲线+15～20cm	较宽松风格
	显示人体胸部曲线+10～15cm	较贴体风格
	充分显示人体胸部曲线+<10cm	贴体风格

②对腰部吸腰量的审视，见表1–13。

表 1-13　对腰部吸腰量的审视

腰围–（净腰围+内衣厚）或（胸围–腰围）/2	腰部呈直筒形≈0cm	宽腰风格
	腰部省道数×≤1.5cm	较宽腰风格
	腰部省道数×≤2cm	较吸腰风格
	腰部省道数×≤2.5cm	吸腰风格

③对臀围宽松量的审视，见表1–14。

表 1-14　对臀围宽松量的审视

臀围–（净臀围+内衣厚）或（臀围–胸围）/2	臀部扩张量<2cm	贴臀型风格
	臀部扩张量=2～4cm	较外扩型风格
	臀部扩张量≥4cm	外扩型风格

2. 舒适量（舒适量也是放松量）

（1）静态舒适量。包括服装穿着时与人体之间必要透气空隙和非压力空隙。静态舒适量胸围部分一般要追加净胸围的6%～8%。

（2）动态舒适量。包括人体运动时，服装各方位所牵引的量。

服装规格来源于人体尺寸，但不等同于人体尺寸，它以人体尺寸作基础，为了满足人体活动的需要，容纳内衣的层次，表现服装形态造型效果，在人体净体值的基础上，需要加上一定的放松量，才能得到服装的成品规格尺寸，即：人体净体值＋服装放松量＝服装成品规格。服装放松量包括人体的运动量、容纳内衣层次需要的间隙量、服装风格设计量、服装材料的质地性能所需的伸缩量等。

一件服装穿着后，是否合体，活动是否舒适，外形效果是否得到充分体现，在一定程度上往往是取决于服装成品规格设计的正确与否。而服装规格尺寸设计的成败，获得精确的人体数据固然重要，关键还在于如何准确的设计服装放松量。

如何准确的设计服装的放松量是服装成品规格设计的关键，是人们在认识服装与人体关系的基础上，再考虑服装穿着对象、品种用途、款式造型等特点基础上，为具体的服装产品设计出相应的加工数据。采用"量化"形式表现服装款式造型，是品牌用途和穿着对象特征的重要技术设计内容，准确的"量化"数据也真实地反映了设计师们的综合素质。

我们现在都能够理解并认识到服装规格放松量与人体活动、款式造型特点、所选面辅材料的性能及工艺生产方式有关，还与穿着者的年龄、性别、胖瘦、喜好以及流行特征等诸多因素息息相关。因此，具有良好的理论基础、正确的思维方式还不够，更为重要的是在实际生产制作时要能够熟练的操作运用起来。

往往看上去很容易理解明白，可就是在实际运用的时候不能肯定，似懂非懂、举棋不定。这是因为缺少对实物（成衣）的直观解析，不能及时地将放松量直接地反映到某成品的服装上，仅凭借老师的举例，自己想象性地来感觉放松量的效果，是不具象的。这实际上就是典型的没有实践经验，不能将放松量这一量化的数值与成品出来的穿着效果对应。因此一定要提高自己的审美情趣、视觉量化的能力。服装放松量这一量化的数据并非脱离现实、冥思苦想所能达到的。任何技术类的课题都是需要实践才能得真知的。

倘若"人体净体值+服装放松量=服装成品规格"是一个数学公式的话，那么就有：服装成品规格−人体净体值=服装放松量。

我们可将自己或家人平常穿着的一些服装进行分类，比如找出几件连衣裙，各种造型风格的（这样有助于对不同造型风格服装的放松量进行对比），合体的、紧身的、宽松的等。将衣服本身各个部位的尺寸量出来，再减去穿着者的人体的净体值，就可以得到这类服装放松量，再将这个衣服穿在身上，对着镜子进行全面审视，结合款式特点、面料的特性、内衣的层差、工艺的方式、造型效果等，对服装的整体效果进行全面的记忆，再结合此前量到的这件衣服的放松量，深度地来体会该放松量在这类服装中的表现效果。这样多点练习，你就会对放松量这一量化数据有所感觉，因为这个方法比任何方法的周期都短，既直接又可行哦！

服装设计师、服装纸样设计师们要想准确的设计服装规格放松量，就得在平时注意积累大量的经验数据，让每一次的样衣制作都成为你总结和积累经验的机会。要验证、追踪自己"量化"的放松量，审视其在成品中的最终表现，一定要注意到成衣规格中的微小变化现象，这样会给服装板型改进带来意想不到的作用。为下次的制作提供可靠的参考资料。

3.服装的变形

服装在制作过程中，由于各种外力的作用会产生不同的外形变化，这与人的穿着方式及服装的材质有一定的关系。

（1）人体尺寸与服装规格相匹配的关系不同，引起服装的变形不同。

（2）人体各部位所处服装材、织纹不同，变形量不同。

（3）人体运动时各部位运动量不同造成变量不同。

（4）同种材料相同宽松量，服装结构不同引起的变化量不同。

三、服装成衣的放松量

1.尺寸制订的依据

（1）成衣尺寸的构成。成衣尺寸是在净体的人体尺寸加上放松量的，放松量包括：呼吸量、运动量、设计量等。方法：放宽后背、加大袖宽、增加衣身围度、改用弹性面料。

例：

女西服的放松量：$B+$（8~12）cm、$W+$（8~10）cm、$H+$（8~10）cm为合体女西装。

$B+$（14~16）cm、$W+$（12~14）cm、$H+$（12~14）cm为半束身型女西装。

B：20cm为宽松型女西装。

（2）我们经过反复试验得出来一个结果：依胸围84cm为例，在此基础上加放10cm的放松量，即得出10cm的放松量，离人体胸围一周的空隙为1.6cm。（若一件衬衣的厚度为0.2cm，一件毛衣的厚度为0.4cm）以此计算可以穿3件至5件衣服(表1–15)。

表 1–15　放松量与空隙量的换算表放松量　　　　　　　　　　　单位：cm

放松量	4	6	8	10	12
空隙量	0.6	1	1.3	1.6	2
放松量	14	16	18	20	22
空隙量	2.2	2.5	2.9	3.1	3.5

（3）加放量的数据参考（以胸围84cm为例）：

①高度贴体型（如：泳衣）由于泳衣是针织面料，制图上还要减少放松量，因为针织面料有弹力，泳衣的放松量由针织面料有弹力所取代，视针织面料的弹力大小，一般要在胸围的基础上减6～20cm。

②贴体型（如：文胸）一般加2cm的放松量。

③比较合体型（如：旗袍）一般加4～6cm的放松量。

④合体型（如：合体职业装）一般加6～10cm的放松量。

⑤比较宽松型（如：西服外套）一般加10～14cm的放松量。

⑥宽松型（如：夹克）一般加14～25cm的放松量。

2. 影响服装放松量的因素

（1）外套内衣服的总厚度。

（2）款式风格特点的要求。

（3）衣料的性能和厚薄。

（4）因工作性质的服用活动量。

（5）不同地区的生活习惯和自然环境因素。

（6）个人爱好与穿着要求。

3. 放松量如何产生

由于人体运动、呼吸、体表伸缩、皮肤堆积等原因，必须加一定的余量，这全余量就是放松量，成衣的放松量除了要考虑以上人体几个因素外，还要考虑服装的季节、内外层次、面料质地流行倾向等因素（图1-27）。

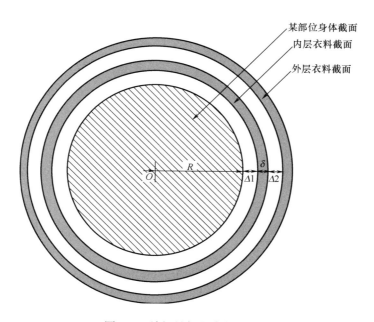

图 1-27 放松量与空隙度的关系

4. 女装成衣放松量参考（表1-16）

表1-16　女装成衣放松量参考（顺序由内层向外层介绍） 　单位：cm

成衣种类	特殊部位放量	紧身放量	得体放量	宽松放量
女西裤	腰围：0.5～1	6～8	9～12	12～16
女式牛仔裤	低腰围度	2～3	4～6	6～10
中老年女裤	腰围：0.5～1		8～12	12～18
裙子类	腰围：0.5～1	2～3	4～6	6～12
女衬衫	腰围：0.5～1	4～6	7～10	11～14
中式服装	腰围：4～6	4～6		
旗袍	腰围：3～5 臀围：3～5	4～6		
女职业装		8～12	10～14	14～18
女夹克		8～12	10～14	14～18
女式大衣		16～18	19～25	26～40

注　本表上装加放为胸围放松量，下装加放为臀围放松量。

5. 女装风格与规格尺寸的变化对照（表1-17）。

表1-17　女装风格与规格尺寸的变化对照表

（依衬衣为例，从主要部位分析） 　单位：cm

部位	韩式风格	中性化风格	欧美休闲风格	特点分析
衣长	49～52	56～58	60～62	
肩宽	32～35	37.5～38.5	39～40	
领围	35～36	36～37	38～39	
胸围	86～88	90～92	94～96	韩式风格类服装一般是肩窄，将肩部的尺寸互借到袖子上去了；所以袖子会长一些。还就是三围很合体。中性化风格类服装一般比较吻合人体形态。欧美休闲类服装相对宽松一些
腰围	68～72	74～76	80～82	
摆围	88～92	93～95	96～100	
袖长	59～61	56～57	58～59	
袖肥	29.5～31.5	32～33	33～35	
袖口	17～18	18～19	19～20	

四、放松量确定的原则

1. 体形适合原则

肥胖体形的服装放松量要小些、紧凑些，瘦体型放松量可大些，以些掩饰体形缺陷。

2. 款式适合原则

决定放松量的最主要因素是服装的造型，服装的造型是指人穿上衣服后的形状，它忽略了服装各局部的细节特征的大效果，服装作为直观形象，出现在人们的视野里的首先是其轮廓外型，体现服装廓型的最主要的因素就是肩、胸、腰、臀、臂及底摆的尺寸。

3. 合体程度原则

真实地表现人体，尽量使服装与人体形态吻合的紧身型服装，放松量小些；含蓄地表现人体，宽松、休闲、随意性的服装，放松量则大些。

4. 板型适合原则

不同板型其各部位的放松量是不同的，同一款式，不同的人打出的板型不同，最后的服装造型也千差万别。简洁贴体的制板，严谨的服装、有胸衬造型的服装放松量要小些，单衣、便服要大些。

5. 面料厚薄原则

厚重面料放松量要大些、轻薄类面料的放松量要小些。

第二章 原型法制板技术原理

　　服装制板（又称服装裁剪方法或服装结构设计）定义是根据不同服装的设计需求、类别特点、流行趋势、面料特性、工艺要求等，将服装设计效果图向平面结构图转化成为成衣生产服装样板的工作过程。

　　全国职业院校技能大赛中职组服装设计制作竞赛将文化式第8代新原型法作为竞赛的制板方法。本章将重点讲解第8代文化式原型特点和优势、平面构成法与立体构成法区别与优势等内容。

第一节 不同制板方法的优势比较

　　目前，我国的制板方法的流派很多，我们可以将服装制板方法分为平面构成方法、立体构成方法、计算机辅助设计方法三大类。在服装结构较简单时，常采用平面构成的结构设计方法；在服装的结构较复杂、分解成平面衣片较为困难时，常采用立体构成的结构设计方法。平面构成方法注重计算，立体构成方法侧重造型，两种方法各有其特点，相辅相成。所以，在很多情况下，常常两种方法交叉使用，相互补充。平面构成法的流派和方法是最多的。采用哪种方法进行制板不重要，制板方法只是一个工具。不论你采用哪一种方法进行制板，只要是"最短的时间设计出适合设计要求的样板"才是最重要的。以下我们重点解析三种制板方法的区别和优势。

一、平面构成方法

　　平面构成方法又称平面设计法、二维设计法、平面制板法等，平面构成方法是根据数学公式和经验判别，通过尺寸或计算公式的形式，将三维空间曲面转化成二维平面图形的过程。平面结构设计方法是依据人体体表特征、款式造型及主要控制部位尺寸，加上满足人体穿着时舒适性和运动功能所需放松量，运用基础纸样的变化手法或分配比例的计算方法，采用平面制图的形式，绘制出服装的平面结构图。平面构成法可分为直接构成法和间接构成法两类。间接构成法主要有原型法，直接构成法主要有比例法、基型法两大类。

1. 原型法

将大量测得的人体体型数据进行筛选，来得到通过人体基本部位和若干重要部位的比例形式来表达各部位以及相关部位结构的最简单的基本样板，然后再用基本样板通过省道变换、分割、收褶、转省、切展等工艺形式变换构成较复杂的结构图。这种设计法我们称为"原型法"。原型是人体基本形态的平面展开图。常见的有美国原型、英国原型、法国原型、日本原型、韩国原型等。仅日本就有五种原型(文化式原型、登丽美原型、田中原型、伊东式原型、拷梯丝式原型)，其中日本文化服装学院发明的文化式原型，在我国高等院校服装设计专业普遍采用。原型法裁剪最大的优势在于省道的转移。不论多复杂的款式，都可以用剪开推放、剪开捏合的手法完成，这是其他很多方法都不能相比的。我国的原型法有张文斌的东华原型、魏雪晶的中国女装原型法、陈为元的米式原型法等。从总体上看，纸样构成的基本模型是具有地域性的，一个地区的基本纸样不适合在另外一个地区使用，这主要取决于各自审美特征的差异及经济、文化艺术的差异。但是，尽管每个国家、地区甚至各服装设计师所使用的基本型在风格和理解上有所不同，其变化原理也是相通的，他们都恪守对基本纸样的熟练把握这一原则。

2. 比例法

比例法又称比例分配法、基础比例法，将测量人体后所得的各个部位的净尺寸，按照款式造型和穿着要求，求得衣服成品规格，然后用基本部位尺寸的一定比例加减一定的数值，求得各部位的尺寸进行结构制图。因其具有"计算的简便、快捷、易于掌握"等特点，为大多数人接受而广泛地应用于我国的服装制板。我国现行的国家服装号型标准就是在普测、调研了全国各地人体数据的基础上参照简易比例法而确立的。可见它在我国服装界的权威性。王益正的衣型法和朱孟清的180°制板法也属于比例法制板。比例法制板主要有：胸度式制图法、定义制图法、短寸制图法三种，其中常用的制图法为胸度式制图法。

（1）胸度式制图法。

胸度式制图法是以人体胸围的比例形式推算出上衣其他部位尺寸而进行结构制图。按照比例形式可分为三分法、四分法、六分法、八分法、十分法等。三分法、六分法常用于合体服装设计结构制图；四分法、八分法常用于宽松服装的结构设计制图；十分法运算方便，常用于其他方法混合使用。

（2）定义制图法。

定义制图法亦称"直接注寸制图法"，是一种原始的结构制图方法。制图时只需按照服装尺寸和款式要求，凭经验直接画出辅助线及轮廓线。

（3）短寸制图法。

短寸制图法亦称肖寸法或实寸法。首先准确地测量出人体的前胸、背部、肩部、腰节等各部位的长度、宽度、厚度和斜度的尺寸，然后按这些数据进行结构设计。常用于制作高度贴合人体的服装结构图。

3. 基型法

基型法是在总结原型法和比例法的基础上建立的一种方法。是以成品规格或胸围放松量为尺寸来源的基本框架或基础纸样均为基型，如衬衣基型可以是完整的衬衣制图，基型法制图就是采用基型样板在该样板上根据具体造型需要运用补充、剪切、折叠、切展等手段进行变化，做成所需款式结构制图的方法。我国主要基型制图法有欧阳心力的比例基型法、陈桂林的简易基型法、蒋锡根的母型法、吴经熊的优选基型法、戴永甫的D式法、袁良的数字制板法、马林的基型法、路红的基型法等。企业制板师的经验式打板法也属于基型法。

二、立体构成方法

立体构成方法也称为立体裁剪、斜裁技术、样板假缝等。是一种直接在人体或人台上进行结构设计的方法，将面料覆合在人体或人台上，通过折叠、收省、聚集、提拉等立体构成手法，把一块平面形态的材料（样布或可以用于立裁的纸），在人体或人台表面形成三维的立体布样。由于整体操作是在人体或人台上进行，所以直观效果好，便于设计思想的发挥和修正，还能够解决不对称、多褶皱的复杂造型。但是，立体构成法对制板师的技术素质、艺术修养以及操作条件均有较高的要求，且有很大的随意性。立体构成的结构设计方法，实质上是用实验的方法，将二维平面材料分层次地拟合与三维人体曲面拟合，边审视、边转化、边拟合、边修正，达到设计目的。

根据服装的造型特征，可将立体构成方法分为几何形立体构成与波浪形立体构成两类。几何形立体构成是一种轮廓线为几何形的立体构成方法，多用于实用型服装的设计；波浪形立体构成方法适用于礼服等造型复杂的服装的设计。

三、计算机辅助设计方法

计算机辅助设计方法是利用计算机信息技术，采用人机交互的手段，充分利用计算机的图形学、数据库，计算机的高新技术与设计师的完美构思、创新能力、经验知识的完美组合，来降低生产成本，减少工作负荷、提高设计质量，大大缩短了服装的从设计到投产的过程。

1. 服装 CAD 二维制板技术

服装CAD是计算机辅助设计Computer-Aided Design的英文缩写，利用服装CAD可以进行二维服装样板制作、放码、排料等工作。国内常用的服装CAD有富怡、ET、博克、日升等。

2. 服装 VSD 三维制板技术

服装VSD是可视缝合设计技术的Visible Stitcher Design英文缩写，可视缝合设计技术是在服装CAD系统三大成熟模块（制板、放码、排料）之后发展的新趋势。服装领域使用可视缝合设计技术可以通过模拟样衣的制作过程缩短新款服装的设计时间，从而大大减少成衣的生产周期。同时，可视缝合设计技术为服装的销售方式提供了新途径，使网上销售和网上新款发布会的普及成为可能。

四、常用制板方法优势对比

1.常用平面构成方法优势对比

（1）原型法的优势

采用原型法进行服装样板设计，自由度较大，不受任何既定的模式和公式等因素制约。"适应变化"是原型法最突出的优点，只要掌握了应用方法，无论哪类服装都可以顺利而准确地转化为服装样板。服装原型可以清楚看出人体与原型之间的关系，在转化过程中，就能直观、准确地观察并掌握人体与服装的关系，例如哪个部位该放多少尺寸的放松量，那个部位收多少省量最合适等。

（2）比例法的优势

比例法针对一些常规定型的服装根据经验和比例关系算出制图尺寸，只要能记住相关的制图公式，应用起来十分方便。特别是针对常规变化不大的服装（如：男衬衫、男西服等），只要记住主要部位的计算方法，就能快速制出样板，其次采用比例法还可以较好地把握某些局部尺寸（如：衣服上的口袋大小、位置、分割缝设置等），因为口袋的大小按照胸围来推算是比较符合人体审美特征的，经过反复实践验证，口袋上下位置也可以按照袖子或腰节来推算。另外，衣长、袖长等部位没有尺寸依据的情况下，可以结合号型，运用比例法推算出相应的数值，然后进行一次变化，一步到位。

（3）原型法的不足之处

由于原型法是通过原型间接转化为服装样板的，款式效果图向平面结构图的转化始终离不开原型样板，如果在没有原型样板的情况下，要迅速绘制出所要求的服装样板，用惯原型的人往往显得束手无策。另外，裤子没有原型，如果在进行裤子样板制作时，会感到缺少很多依据且不好把握。一些常规精细化程度不强的服装制图。采用比例法反而会更容易。

（4）比例法的不足之处

比例法从设计角度来看，这种方法存在着根本性的局限。因为很多公式都是相对一个既成造型款式而言，一旦款式造型发生了变化，有些公式就要重新调整。对于款式造型变化较多的服装，那些众多繁琐的公式在调整时会显得困难，而且还将束缚制板师的想象和创造力的发挥。许多款式新颖的时装用比例法制图，在效果图转化结构图时会遇到各种局限性障碍，最后不得不改变原先的制图思路，款式变化大的时装采用原型法制图更适合。

（5）基型法的优势

①直接运用基型变化，一次到位，较快的创造样板。在方法上具有简便性，在形式上具有雷同性。

②基型的数据主要依据人体主要部位测量数据或国家服装号型标准，只要确定服装号型范围及档差数，即可进行推板，并具有准确规范的特点。

③基型框架体系给服装结构设计带来了灵活机动性，如上衣各款式基本框架与公式变

化不大，而在肩斜、袖窿深、前后差等细节做微调，以形成基型系列，命名数据既便于记忆，又具有灵活调控的特点。

④作为一种在中国普遍运用的裁剪法，基型法具备深厚的群众基础和技术基础，易统一为设计结构理论以供分析研究之用，从而成为中国独特的裁剪体系。

（6）原型法、比例法、基型法的区别与关系（表2-1）

原型法是按照人体的尺寸，考虑呼吸、运动和舒适性的要求。绘制出合符人体体型的原型，然后按款式造型的需求在原型上作加长、放宽、缩小等调整获得所需要的服装结构图即可。原型法制板把结构设计分为两步：第一步考虑人体的形态，获得一个合适的原型；第二步是考虑服装款式造型的转变。

比例法是一种直接制图且一步到位按照服装款式造型的需求进行样板设计的方法。首先是测量人体主要部位尺寸或采用国家号型标准，在依据服装款式造型的需要设计出服装各主要部位的尺寸，再依据主要部位的尺寸推算出各细部规格尺寸数据，然后直接在平面上绘出服装结构图。

基型法是吸取了原型法和比例法的两大特点与优势的一种方法，为此，在服装行业内也有人将基型法称为总样法，是一种以衣片整体形态为服装基型总样进行服装裁剪出样的方法。按服装品种分为裙子基型、裤子基型、衬衫基型、西服基型、大衣基型等。作为基型的样板一般取于某一品种中造型最简单或相近款式的样板。

基型法与原型法一样，运用纸型剪叠、比例分配、比值等的构成方法，在基本框架或基础纸样上出样，因此具有相当的简便性与灵活性。

表 2-1　原型法、比例法、基型法的区别与关系

序号	原型法	比例法	基型法
1	以净体为依据，根据人体活动和呼吸量、款式设计量等因素加放松量，科学性强	以穿着衣服或经验加放松量，科学性不强	以净体为依据，根据人体活动和呼吸量、款式设计量等因素加放松量，科学性强
2	适合款式造型变化的时装	适合常规定型类服装	适合不同类型所有服装款式
3	净样制图，先绘制原型再转款，转换环节多，利用率高	净样或毛缝作图均可，可以一步到位转化服装款式	净样制图，可以一步到位转化服装款式
4	从人体体型本位出发，通过省道转移等手法，变化灵活	从给定的某一款式出发，变化不灵活	从人体体型本位出发，通过省道转移等手法，变化灵活
5	具有较广泛的通用性和体型覆盖率	具有一定的局限性	具有较广泛的通用性和体型覆盖率
6	易学易记，但运用起来容易束缚设计思维	易学易记易掌握，应用起来自由灵活	易学易记易掌握，应用起来自由灵活

续表

序号	原型法	比例法	基型法
7	计算公式不多	计算公式多	计算公式不多
8	应用性强	直观性强	应用性和直观性强
9	不受公式束缚	受公式束缚	不受公式束缚
10	适合工业化生产	适合单件定制	适合工业化生产和单件定制
11	通过原型样板，运用省道变换等工艺形式进行创造样板	直接比例分配变化，一次到位，较快的创造样板	直接运用基型变化，一次到位，较快的创造样板
12	因为方便教学，国内服装院校运用此方法教学多	男装和职业装、制服企业大部分运用此方法进行工业样板设计	女装企业大部分运用此方法进行工业样板设计

2. 平面构成方法的优势与缺点

（1）平面构成方法优势

平面构成方法不论是原型还是比例和基型法，其优点在于能够快速得到样板，制板的全过程比较方便，节省时间，但是必须是要具有很丰富的实际经验，经过多次的修正和调整样板才能逐步趋于完美，达到设计效果。

①平面构成方法是实践经验总结后的升华，因此，具有很强的理论性。

②平面结构尺寸较为固定，比例分配相对合理，具有较强的操作稳定性和广泛的可操作性。

③由于平面构成方法的可操作性，对于一些定型产品而言是提高生产效率的一个有效方式。放松量的控制上，能够有据可依，便于初学者掌握与运用。

（2）平面构成方法的缺点

①无法感受面料对设计效果的影响，如面料纹路变化、下垂程度、光泽变化、弹力程度等。

②人体的某些部位处理尺度不好掌握。如不同款式要用不同的胸量、前后身的平衡量、肩斜度等。

③对于具有"多褶裥或非常飘逸、垂荡、随意、自然的款式"的特殊造型款式不能很直观或准确的处理。

3. 立体构成方法的优势与缺点

（1）立体构成方法的优势

①直观性。

立体构成方法具有造型直观、准确的特点，布料在人体或人台上呈现的空间形态、结构特点、服装廓型便会直接、清楚地展现在你的面前，可以直接感知成衣的穿着形态、特征及放松量等。

②实用性。

立体构成方法不仅适用于款式多变的时装和晚礼服，也适用于结构简单的服装。立体构成方法不受平面计算公式的限制，而是按设计的需要在人体或人台上直接进行裁剪创作。

③适应性。

立体构成方法不但适合初学者，也适合专业设计与技术人员的提高。对于初学者，即使不会量体，不懂计算公式，如果掌握立体裁剪的操作程序和基本要领，具有一定的审美能力，也能自由地发挥想象空间，进行设计与制作。

④灵活性。

掌握立体裁剪的基本要领后，可以边设计、边裁剪、边改进。随时观察效果，及时纠正问题，直至满意为止。

⑤准确性。

立体构成方法可以根据款式造型利用样布（白坯布）在人体或人台上一步到位地把样板呈现出来，将样布取下来转为样板，可以直接裁剪缝制成衣，不必经过多次试样成衣后再修改样板。

⑥易学性。

立体构成方法是依照人体或人台进行的设计与操作，没有太深的理论，更没有繁杂的计算公式，不受经验多少等因素的限制，是一种简单易学、快捷有效的制板方法。

（2）立体构成方法的缺点

①由于立体裁剪必须在人体或人台上操作，则操作条件受到限制。

②由于立体裁剪需要使用大量的样布，相对平面制板来说，费用高。

③制板师经验不丰富操作立体裁剪时的手法、技法最终对服装的效果影响较大。

④由于立体裁剪生产效率较低，所以不益用于服装大批生产。

⑤对于人体的某些部位处理尺度不好掌握。如不同款式要用不同的胸量、前后身的平衡量、肩斜度等。

五、服装工业制板

服装工业制板是将款式设计图上的效果图转化为结构图，然后复制裁片。在服装工业生产中，纸样设计是一项关键性的技术工作，它不仅关系到服装产品是否能体现设计师的要求和意图，还对服装加工的工艺方法也有很大的影响；同时，会直接影响服装的外观造型。

服装工业样板指一整套从小码到大码的系列号型样板。它是服装工业生产中的主要技术依据，是排料、画样以及缝制、检验的标准样板。

工业样板要注意以下几个方面：

（1）样板按所设计的缝制工艺将服装裁片放出所有的缝份，除了净样上已有的各种技术参数和标记外，还应注明缝制方法及要求。

（2）依照客户已设定的成衣尺寸或制图尺寸对纸样的各部位进行测量。

（3）对各相吻合缝合线的复核。例如：检查袖窿弧线及领窝弧线是否圆顺，检查袖山曲线和袖窿弧线长度是否吻合等。

（4）对各对位记号的复核。例如：袖窿弧线和袖山曲线对位记号等。

（5）对布纹线的复核。检查布料裁剪时所用的丝缕纹向。

（6）对缝份的复核。

（7）对纸样总量的复核。

（8）复核各资料是否齐全，包括款式名称、裁剪数量、码数、裁片名称等。

第二节　文化式女上装新原型

文化式女上装新原型也称第8代文化式服装原型，2000年日本文化服装学院在第7代服装原型基础上，推出了更加符合年轻女性体型的新原型。新文化式原型结合现代年轻女性人体体型和曲线特征，箱形造型，前、后片的腰节关量明显增大，省量分配更加合理，与人体的间隙量均匀。

一、新文化式女上装原型制图

（一）制图尺寸

胸围84cm，背长38cm，腰围64cm，袖长52cm。

（二）制图步骤

1. 画基础线（图 2-1、图 2-2）

（1）从A点画一条38cm的垂直线至B点为后中心线。

（2）从B点线画一条48cm（计算公式：$\frac{胸围84cm}{4}+6cm$）直线至C点为横向宽度线。

（3）在后中心线A点向下20.7cm（计算公式：$\frac{胸围84cm}{12}+13.7cm$）处D点开始画一条直线48cm至E点。作为胸围线。

（4）连接EC线段。作为前中心线。

（5）在胸围线上依后中心线向右量17.9cm（计算公式：$\frac{胸围84cm}{8}+7.4cm$）确定F点。

（6）在胸围线F点向上画一条垂直线为背宽线G点。

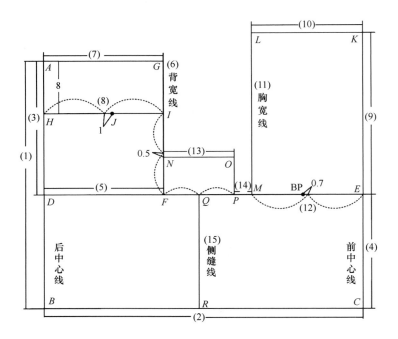

图 2-1　女上装新原型制图顺序示意图 1

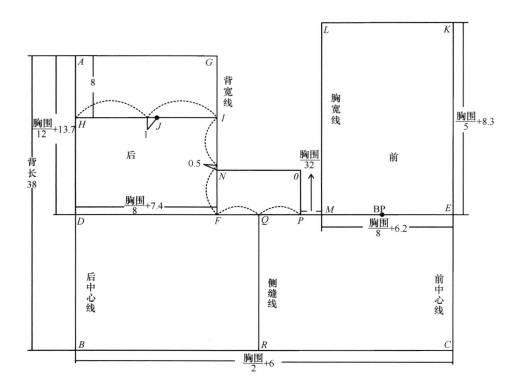

图 2-2　女上装新原型基础线示意图 2

（7）A点垂直后中心线画一条直线至背宽线G点。作为后片上平线。

（8）在后中心线A点向下8cm处H点画一条平行线至背宽线为I点，在平行线中点向左偏1cm为J点。

（9）前中心线E点上画25.1cm（计算公式：$\dfrac{\text{胸围84cm}}{5}+8.3\text{cm}$）为$K$点。

（10）前中心线K点画16.7cm（计算公式：$\dfrac{\text{胸围84cm}}{8}+6.2\text{cm}$）为$L$点。作为前片上平线。

（11）前片上平线L点画一条垂直线至胸围线M点，作为前胸宽线。

（12）胸围线M点至E点二等份中点向左偏0.7cm作胸点（即BP点）。

（13）背宽线I点至F点的二等份中点向下0.5cm为N点。画一条线至O点。

（14）胸围线M点向左偏2.6cm（计算公式：$\dfrac{\text{胸围84cm}}{32}$）为$P$点。从$P$点画一条直线至$O$点。

（15）胸围线F点至P点的二等分中点Q点画一条垂直线至R点，作为侧缝线。

2. 前领弧线

（1）在前片上平线上，从K点向左取6.9cm处（计算公式：$\dfrac{\text{胸围84cm}}{24}+3.4\text{cm}$）得到前横开领点。从前横开领点画一条长7.4cm（计算公式：前横开领宽6.9cm+0.5cm）的垂直线。

（2）在前中心线K点下取7.4cm处开始画一条直线6.9cm与①线相连，形成一个长方形，再做长方形对角线。

（3）对角线$\dfrac{1}{3}$处下落0.5cm，从前横开领点经下落0.5cm至前领深点作前领口线；并且调顺前片领口弧线。

3. 前片肩缝线

（1）从前横开领点作与前片上平线的22°的射线，并相交至胸宽线，这条线称作为前片肩缝线。

（2）将前片肩缝线顺势延长1.8cm。

4. 前袖窿弧线

（1）点与BP点相连成一条直线，依BP点为轴心向上取18.5°（计算公式：$\dfrac{\text{胸围84cm}}{4}-2.5\text{cm}$）的射线，取两线等长，作出前胸省。

（2）从前肩端点至胸省宽点作出前袖窿上半部分弧线。

（3）将P点至Q点分成三个等份，每一个等份量用"△"表示，从P点作45°角平分线，并量出△+0.5cm的点。从P点经△+0.5cm的点至侧缝点作出前袖窿下半部分弧线。

（4）调顺前袖窿下半部分弧线。

5. 后领弧线

（1）在后片上平线上，从A点向右取7.1cm（计算公式：前横开领宽6.9cm+0.2cm）为后横开领宽。

（2）将后横开领宽分成三个等份，垂直向上取其中的一个等份得到后片横开领点。

（3）从后片上平线A点与后片横开领点相连成后领弧线，并调顺后领弧线。

6. 后片肩缝线

（1）从后横开领点作与后片上平线的18°的射线，并相交至背宽线，这条线称作为后片肩缝线。

（2）将后片肩缝线长度取前片肩缝线+1.8cm（计算公式：$\dfrac{胸围84cm}{32}-0.8cm$）。

（3）从J点作后中心线的平行线向上至后肩缝线，向下1.5cm处为肩省的位置。

（4）肩省量为1.8cm（计算公式：$\dfrac{胸围84cm}{32}-0.8cm$）。

7. 后袖窿弧线

（1）从F点作45°角平分线，并量出△+0.8cm的点。从后片肩端点经△+0.8cm的点与侧缝点作后袖窿弧线。

（2）调顺后袖窿弧线。

8. 腰省

（1）腰省总量计算方法：（$\dfrac{胸围84cm}{2}+6cm$）–（$\dfrac{胸围84cm}{2}+3cm$），总省量百分比请参见表2-2。

表 2-2 腰省分配比例对照表 单位：cm

省量	A省（14%）	B省（15%）	C省（11%）	D省（35%）	E省（18%）	F省（7%）
9	1.260	1.350	0.990	3.150	1.620	0.630
10	1.400	1.500	1.100	3.500	1.800	0.700
11	1.540	1.650	1.210	3.850	1.980	0.770
12	1.680	1.800	1.320	4.200	2.160	0.840
12.5	1.750	1.875	1.375	4.375	2.250	0.875
13	1.820	1.850	1.430	4.550	2.340	0.910
14	1.960	2.100	1.540	4.900	2.520	0.980
15	2.100	2.250	1.650	5.250	2.700	1.050
16	2.240	2.400	1.760	5.600	2.880	1.120

（2）A省：BP点垂直向下3cm。

（3）B省：在胸围线上P点向前中心线方向量取1.5cm。

（4）C省：侧缝线上。

（5）D省：背宽线上N点向后中心线量取1cm腰围线的垂线。

（6）E省：J点在向后中心线量取0.5cm垂直向下交至腰围线，省尖在胸围线上2cm。

（7）F省：后中心线上量取。

9. **女上装新原型完成图**（图2-3）。

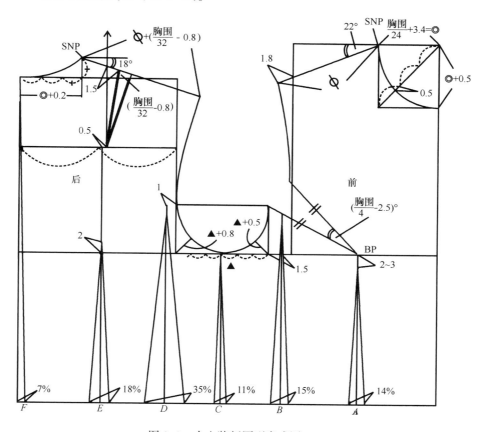

图2-3　女上装新原型完成图

二、新文化式袖子原型制图

1.将前片袖窿位置的胸省合并，省量转移至前中心位置，使前后袖窿连成一个整体（图2-4）。

2.将侧缝基础线延长，在后肩端点平齐位置画一个定位点，再在前肩端点平齐位置画一个定位点；在两条平行线之间确认一个中点。将中点至袖窿腋下点之间分6个等份，取 $\frac{5}{6}$ 等分处为袖山高，确定袖山顶点。此时，胸围线与袖肥线在同一条线上。

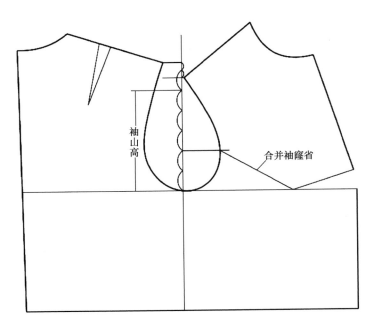

图 2-4　确定袖山高示意图

3.延长袖中线，从袖山顶点向下量取袖长尺寸，然后作一水平线为袖口线。

4.从袖山顶点向下量取28.5cm（计算公式：$\dfrac{袖长52cm}{2}+2.5cm$），然后作一水平线为袖肘线。

5.从袖山顶点向前片作一条斜线与袖肥线相交，长度为前袖窿弧长（前AH）；然后从袖肥线交点向下作平行线与袖口线相交，作为前袖侧缝线。

6.从袖山顶点向后片作一条斜线与袖肥线相交，长度为后袖窿弧线长度+1cm（后AH+1cm）；然后从袖肥线交点向下作平行线与袖口线相交，作为后袖侧缝线。

7.在前后袖山斜线上，自袖山顶点向下分别量取$\dfrac{前AH}{4}$，各作一条垂直线段，前片长度为1.8～1.9cm，后片长度为1.9～2cm；作为袖山曲线的定位点。

8.延长AB线段与前后袖山斜线相交，前交点向上1cm定位一个点，后交点向下1cm定位一个点，作为袖山曲线的定位点。

9.C点至侧缝线分三等分，D点至侧缝线分三等分，分别在$\dfrac{2}{3}$等分处作垂直线与袖窿弧线相交，将这两个垂直线段分别对称至前后袖侧缝位置，作为袖山曲线的定位点。

10.从前袖肥端点经定位点、袖山顶点、定位点至后袖肥端点画袖山曲线，然后调顺袖山曲线（图2-5）。

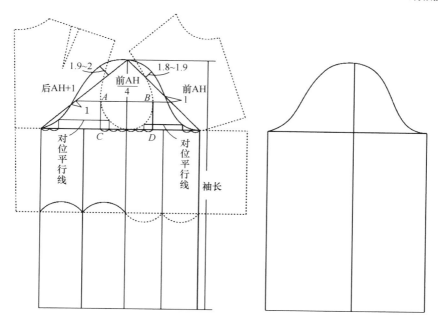

图 2-5　第 8 代原型袖完成图

第三节　文化式新老原型关系对照

一、第 7 代文化式原型

1. 第 7 代文化式上衣原型（图 2-6）

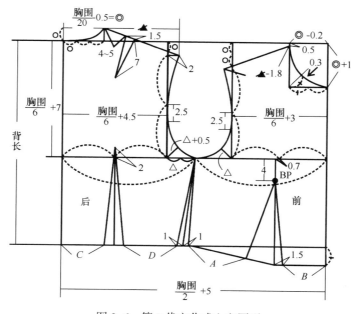

图 2-6　第 7 代文化式上衣原型

2. 第7代文化式袖原型（图2-7、图2-8）

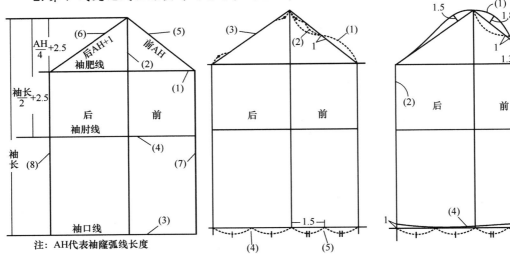

注：AH代表袖窿弧线长度

图2-7　第7代文化式袖原型

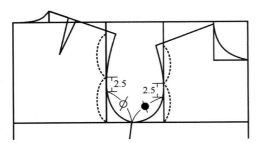

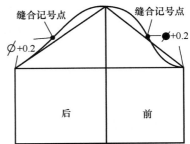

图2-8　第7代文化式女上衣原型与袖原型对位记号示意图

3. 第7代文化式裙原型（图2-9、图2-10）

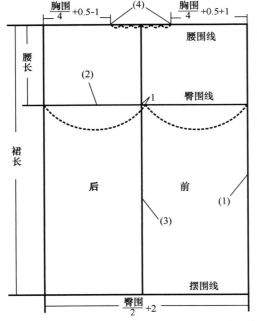

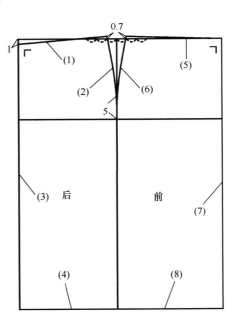

图2-9　第7代文化式裙原型

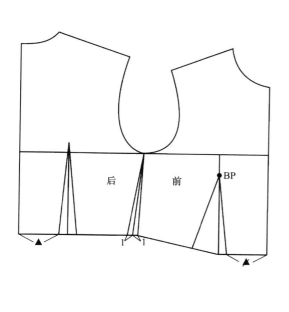
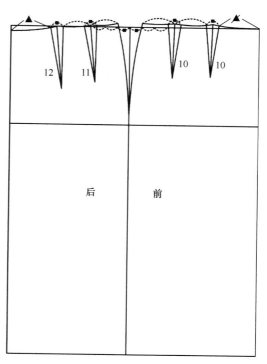

图 2-10 第 7 代文化式女上衣原型与裙原型腰省对位示意图

二、文化式新老原型的比较

1. 新老二代原型部位公式计算对照（表 2-3）

表 2-3 新老二代原型部位公式计算对照表　　　　　　单位：cm

序号	部位	老原型（第七代）	新原型（第八代）
1	后横开领	胸围/24+3.6	胸围/20+3.6
2	胸围线	胸围/12+13.7	胸围/6+7
3	胸宽	胸围/8+6.2	胸围/6+3
4	背宽	胸围/8+7.4	胸围/6+4.5

2. 新老二代原型部位部位尺寸对照（表 2-4）

表 2-4 新老二代原型部位尺寸对照表　　　　　　单位：cm

序号	部位	老原型（第七代）	新原型（第八代）	对照比较分析
1	放松量	10	12	增大
2	胸宽量	17	16.7	变得更加合体
3	背宽量	18.5	17.9	变得更加合体

序号	部位	老原型（第七代）	新原型（第八代）	对照比较分析
4	胸围线	21	20.7	略有上提
5	胸点至前中	9.2	9.1	变化不大
6	胸点至侧颈点	24	24.5	略有下降
7	前横开领	6.9	6.9	没有变化
8	后横开领	7.1	7.1	没有变化
9	前直开领	7.9	7.4	略有上提
10	前肩斜量	4.2	4.6	斜量加大了
11	后肩斜量	4.7	4.4	斜量减小了
12	平均肩斜量	4.5	4.5	不变，但改变了肩缝线位置
13	前片胸围量	23.5	24.7	明显变宽
14	后片胸围量	23.5	23.3	略微变窄

3. 新老二代原型结构主要特征对照（表2-5）

表2-5　新老二代原型结构主要特征对照表

序号	不同点对照		分析比较
	老原型（第七代）	新原型（第八代）	
1	制图过程比较简单	制图过程比较复杂	
2	仅提供一个基本型平台	省道设计和分配很合理	
3	前后腰节线不在一条线上	前后腰节线在一条线上	
4	胸凸量处理麻烦	胸凸量处理简单	1.二者都用胸围和背长尺寸制图
5	胸凸量置于胸围线以下	胸凸量置于胸围线以上	2.二者都突出女性人体体型
6	定寸部位少	定寸部位多	3.新原型趋向于人体体型相吻合，省道结构设计合理，便于转款
7	腰省量按定寸分配	腰省量按比例分配	4.新原型适合不同款式的板型设计，特别是衣身结构平衡的处理更加准确
8	袖原型与上衣原型分开制作	在上衣原型上制作袖原型	
9	原型与人体间隙量不均匀	原型与人体间隙量均匀	
10	整体结构较宽松	整体结构较合体	

4. 新老二代原型成衣效果对照（图2-11）

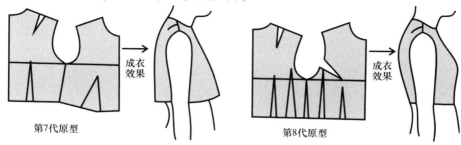

第7代原型　　　　　　　　　第8代原型

图 2-11　新老两代原型成衣效果对照

第四节　原型修正技术

初步绘制完成的原型，还要对有些部位进行修正。本节依新原型为例讲解示范过程。

1. 省的修正

平面制图的省，工艺缝合后会出现凹进去一点的现象，所以，要将纸样中的省按缝合效果折叠后，修正后再展开（图2-12、图2-13）。

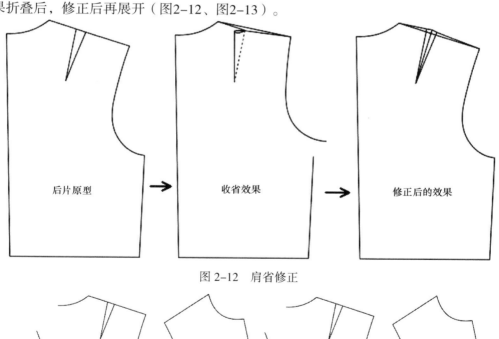

图 2-12　肩省修正

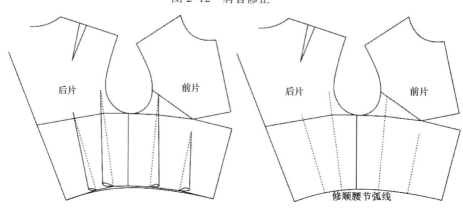

图 2-13　腰省修正

2.袖窿和领口弧线的修正

（1）先将袖窿弧线的省转移至前中，然后修正后再将省转移至袖窿（图2-14）。

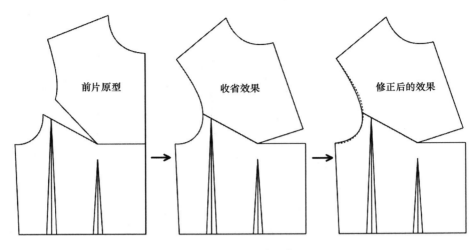

图 2-14　袖窿弧线的修正

（2）将前、后片肩缝重合，分别修正袖窿和领口弧线（图2-15）。

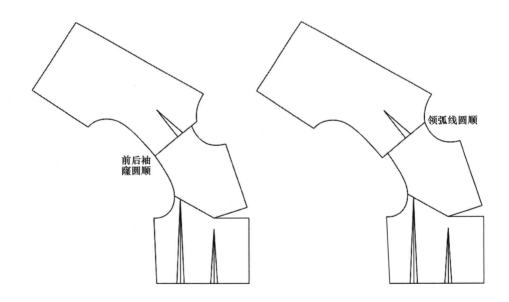

图 2-15　分别修正袖窿和领口弧线

3.修正肩缝线和后袖窿弧线

后片原型有肩省，在服装样板设计中，好多款式没有肩省，遇到这种情况，先将肩省分成三个等分，三分之一保留在肩缝线作为吃势量，三分之二转移到后袖窿弧线作为吃势量（图2-16）。

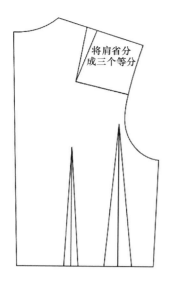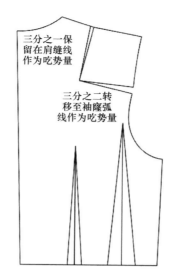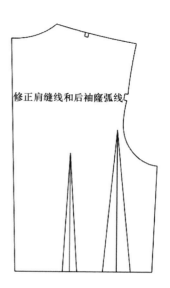

图 2-16　修正肩缝线和后袖窿弧线

4. 袖子的修正

把袖子向内对折，使袖侧缝对合，接着在对合位置，把袖山曲线修正圆顺（图 2-17）。

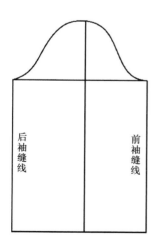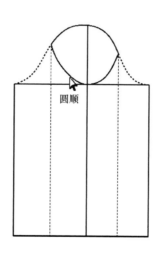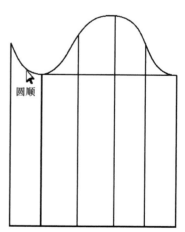

图 2-17　袖子的修正

第三章　衣身结构变化原理

在服装塑型中我们可以看到衣身的造型呈现出两种基本状态：宽松式与合体式。宽松式表现为面料与人体是一种离体状态，形成了一定的空间；而合体式则是面料与人体的符合，呈现出贴体状态，这种贴体状态的产生关键就在于省的运用。最常见的省道有：腋下省、胸省、腰省、侧缝省等。服装造型表现形式主要由省、褶、裥、分割线等构成。

省主要分为：钉子省、枣核省、弧形省等形式。

分割线是服装结构线的一种，也称开刀线或公主线，分割线是服装造型审美线，连省成缝而形成，兼有或取代省道的作用的拼缝线。分割线有自由折线分割和自由曲线分割两种形式。

褶主要分为：单向褶（又称一字褶或刀字褶）、双向褶（又称工字褶）、碎褶三种形式。

裥是服装塑型的一种形式，最常见如：用于男式西裤。

第一节　省道转移

省是服装制作中对余量部分的一种处理形式，省的产生源自于将二维的布料置于三维的人体上，由于人体的凹凸起伏、围度的落差比、宽松度的大小以及适体程度的高低，决定了面料在人体的许多部位呈现出松散状态，将这些松散量以一种集约式的形式处理便形成了省的概念，省的产生使服装造型由传统的平面造型走向了真正意义上的立体造型。

一、省道

省道的转移是女装制板中很重要的技术要点，通过省道的转移来实现女装款式省道的处理。省道是以胸高点为圆心，可以进行360°旋转，这样就为女装提供了丰富的制板设计空间。

1.常用省的分布形式

省道形式丰富多彩，既有省缝形态上的，也有不同位置上的区别，又有单省和多省的区别。归纳起来，我们经常用到的省道形式，最基础的主要有以下几种：腋下省、袖窿省、胸肩省、领胸省、胸间省、胸腰省、肩胛省、后中省等。

2. 省的转移及其运用

省的转移是省道技术运用的拓展，使适体装的设计走向多样化，立体造型中省道转移的原理实际上遵循的就是凸点射线的原理，即以凸点为中心进行的省道移位，例如围绕胸高点的设计可以引发出无数条省道，除了最基本的胸腰省以外，肩省、袖窿省、领口省、前中心省、腋下省等，都是围绕着突点部位即胸高点对余缺处部位进行的处理形式——省的表现形式，此外，肩胛省、臀腰省、肘省等，都可以遵循上述原理结合设计进行省道转移。

二、省道转移应用

1. 胸省

胸省是衣身原型前衣片省道的总称，女上衣原型衣片含有胸凸省和腰省。胸凸省是指女性乳房外凸而形成的省量，腰省是指女性胸腰差而产生的多余量。省道围绕胸点（BP点）360°方向都可以转移，省道的度数相同，所塑造的立体效果也是相同的（图3-1）。

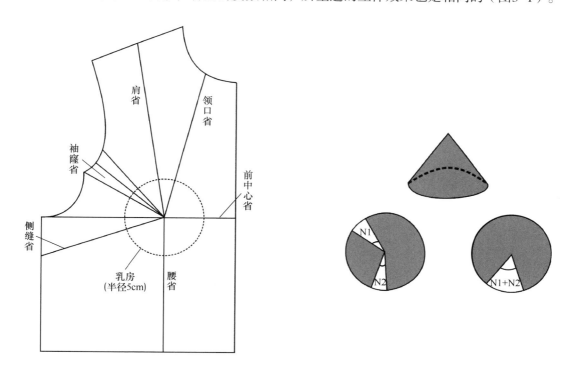

图 3-1　不同位置的胸省

2. 省道的转移方法

省道的转移方法主要有剪切转移法和旋转转移法。

（1）剪切转移法

剪切转移法也称剪开法，是指将预先制好的原型纸样按住胸高点旋转，把省量转移到一个新位置的方法。这种方法直观易懂，很多制板师采用此法。如图3-2所示，将新省线从胸点画至肩缝线，沿这条新省线剪开，闭合原来的省道，使原省量转移至新省位置。

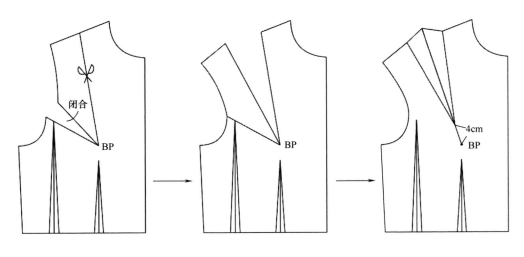

图3-2 剪切转移法

（2）旋转转移法

旋转转移法是以省端点（BP点）为旋转中心，旋转衣片一个省量，将省道转移到其他部位。如图3-3所示，将新省线从胸点画至肩缝线，按住胸点不动，将原型衣片旋转至原来省道的闭合位置，画出新省道与原省道之间的轮廓线。在省移过程中，可把全部省转移，也可把部分省转移（图3-4）。

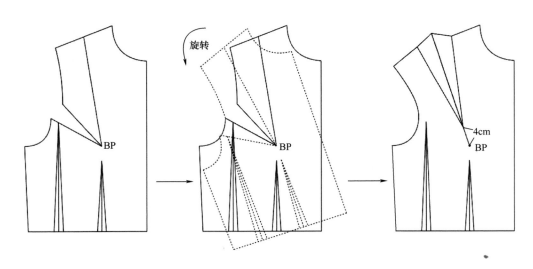

图3-3 全部省旋转转移法

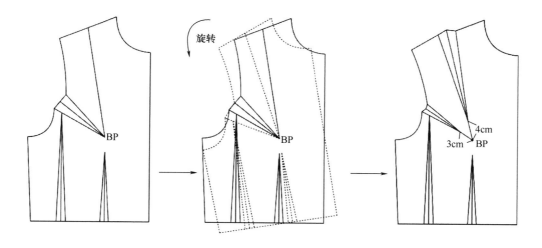

图 3-4　部分省旋转转移法

三、各种省道转移操作方法及实例

1.如图3-5所示，前衣片横省（腋下省）和腰省设计，操作步骤如下：

（1）如图3-6所示，根据款式设计需要，闭合侧腰省，设置新省线（横省）。

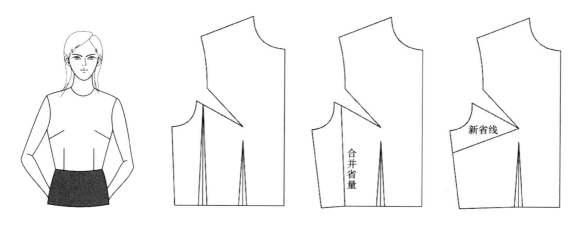

图 3-5　横省和腰省设计　　　　　　　　图 3-6　横省和腰省转移步骤 1

（2）如图3-7所示，将袖窿省闭合转移至横省，修正省尖距胸点3cm，然后画好省山
线。

2.如图3-8所示，前衣片公主缝分割设计，操作步骤如下：

（1）如图3-9所示，将侧腰省闭合，根据款式中的分割线位置，将腰省位置向侧缝方
向平移2cm；设置新省线（横省）；将袖窿省闭合转至横省，然后修正袖窿弧线。

（2）如图3-10所示，画好分割线，将横省闭合转移至分割线。将前侧片的分割弧线
修顺，然后做好工艺对位标记，前片有0.6cm工艺吃势量。

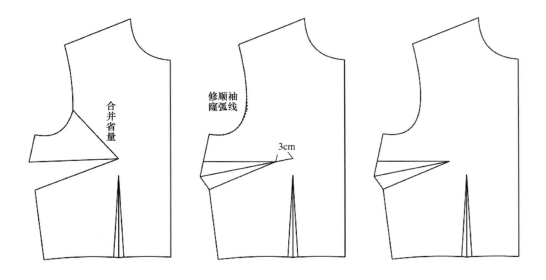

图 3-7　横省和腰省转移步骤 2

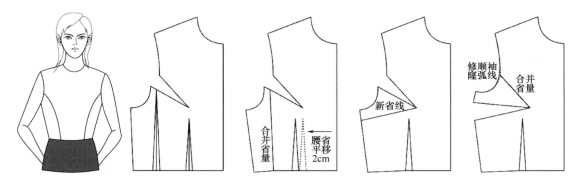

图 3-8　公主缝分割
　　　设计

图 3-9　公主缝分割设计步骤 1

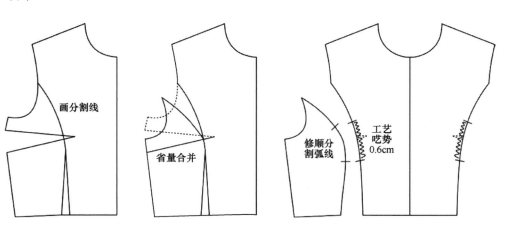

图 3-10　公主缝分割设计步骤 2

3.如图3-11所示，前衣片通肩缝分割设计，操作步骤如下：

（1）如图3-12所示，将侧腰省闭合，画一条新省线至肩缝。将袖窿省闭合转至肩缝。

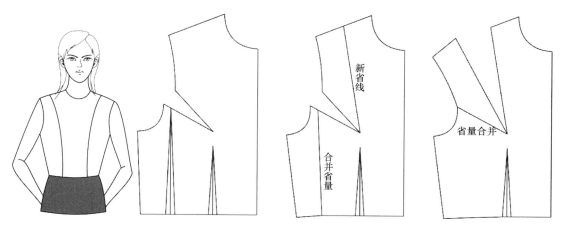

图 3-11　通肩缝分割
　　　　设计

图 3-12　通肩缝分割设计步骤 1

（2）如图3-13所示，修正袖窿弧线，然后重新画好分割线，并调好分割弧线。

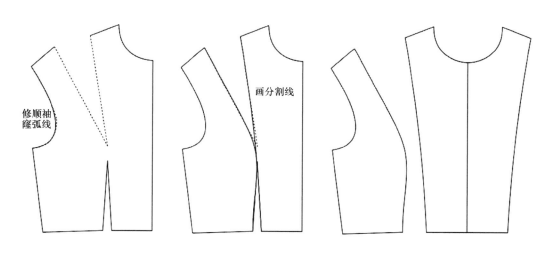

图 3-13　通肩缝分割设计步骤 2

4.如图3-14所示，前衣片无省道设计，操作步骤如图3-15所示，闭合袖窿省，并修正袖窿弧线；重新画一条腰口线，并调顺腰口弧线。

5.如图3-16所示，前衣片胸领省和腰省设计，操作步骤如图3-17所示，根据款式设计需要画一条新省线至前领弧线，闭合侧腰省，将袖窿省转移至新省线。修正袖窿弧线，修正省尖距胸点4cm；然后画好省山线。

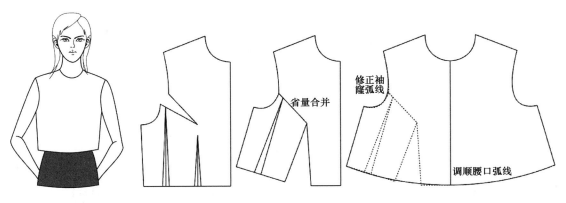

图 3-14　无省道设计

图 3-15　无省道设计步骤

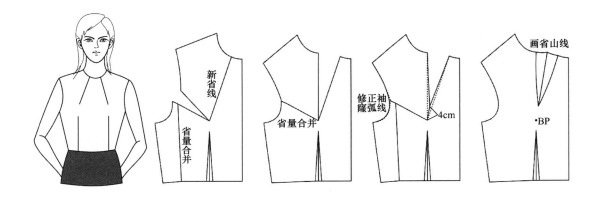

图 3-16　胸领省和腰省
　　　　设计

图 3-17　胸领省和腰省设计步骤

6.如图3-18所示，前衣片侧腰省设计，操作步骤如下：

（1）如图3-19所示，画一条新省线至肩缝，闭合侧腰省，将袖窿省和腰省闭合转至肩缝。修顺袖窿弧线，在侧缝线上画好三条新省线，然后把肩缝线的省分成三等分。

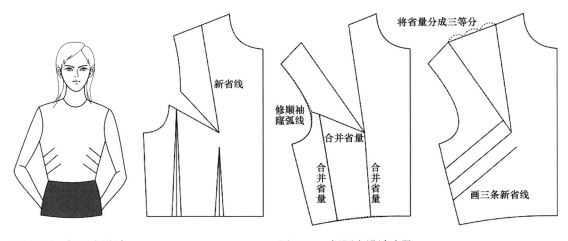

图 3-18　侧腰省设计

图 3-19　侧腰省设计步骤 1

（2）如图3-20所示，闭合肩缝省，分别将三等分的省量分别转移至三个侧腰省。画好省山线，分别修正三条侧腰省，省尖如图短3cm；然后依前中心线对称复制样板。

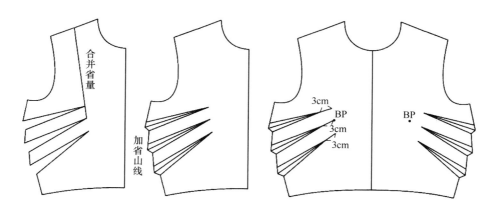

图 3-20　侧腰省设计步骤 2

7.如图3-21所示，前衣片双腰省设计，操作步骤如下：

（1）如图3-22所示，将侧腰省和腰省闭合转移至袖窿省，画一条新省线（横省），将袖窿省转移至横省，修顺袖窿弧线；画一条腰省的新省线。

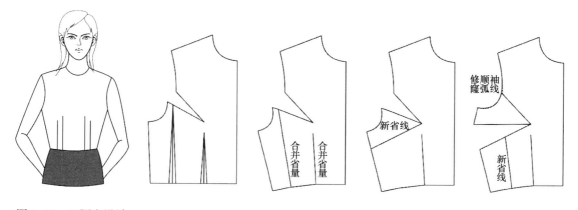

图 3-21　双腰省设计　　　　　　　　　图 3-22　双腰省设计步骤 1

（2）如图3-23所示，将横省量分成两等分，分别转移至两个腰省。画好省山线后，然后依前中心线对称复制样板。

8.如图3-24所示，前衣片前中收褶设计，操作步骤如图3-25所示，画一条新省线至前中心线，闭合侧腰省，将袖窿省和腰省转移至前中；分别修顺袖窿弧线、腰口弧线、前中弧线，标示好工艺吃势对位标记。

9.如图3-26所示，前衣片双肩省设计，操作步骤如下：

（1）如图3-27所示，画两条新省线至肩缝线，闭合侧腰省，将腰省转移至袖窿省，然后将袖窿省分成两等分，分别转移至两条肩省之中，修顺袖窿弧线和腰口线。

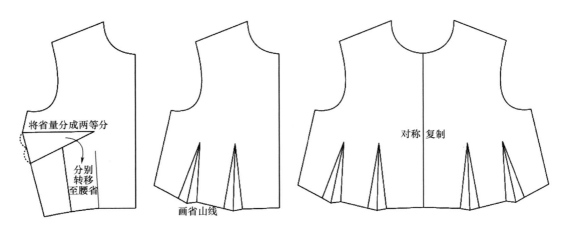

图 3-23　双腰省设计步骤 2

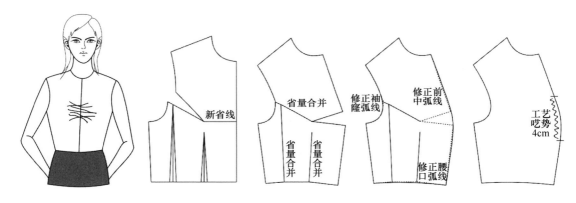

图 3-24　前中收褶
　　　　　设计

图 3-25　前中收褶设计步骤

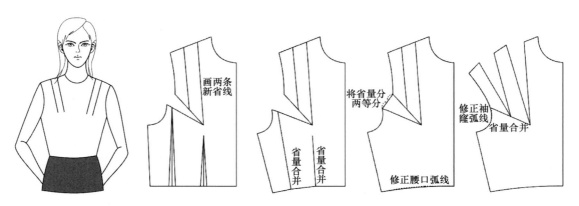

图 3-26　双肩省设计

图 3-27　双肩省设计步骤 1

（2）如图3-28所示，画好省山线，修正省尖距胸点4cm；依前中心线对称复制样板。

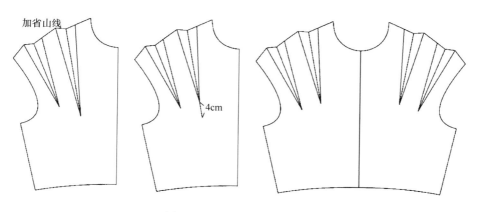

图3-28　双肩省设计步骤2

10.如图3-29所示，前衣片不对称平行省设计，操作步骤如下：

（1）如图3-30所示，闭合侧腰省，将腰省转移至袖窿省，依前中心线对移复制，然后分别画好两条新省线。

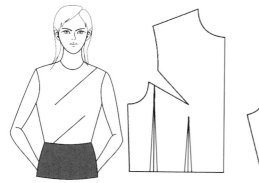

图3-29　不对称平行省设计

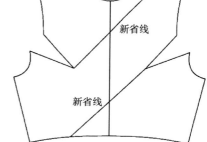

图3-30　不对称平行省设计步骤1

（2）如图3-31所示，分别将袖窿省转移至新省线之中，修顺袖窿弧线，修正省尖距胸点4cm，然后加1cm缝份（注：当省量大于6cm以上，不宜加省山线，一般采用直接加缝份处理）。

11.如图3-32所示，前衣片"Y"形省设计，操作步骤如下：

（1）如图3-33所示，闭合侧腰省，将腰省转移至袖窿省。画新省线至前中心线，将袖窿省转移至前中，修顺袖窿弧线和腰口弧线。

（2）如图3-34所示，修正省尖距胸点3cm，依前中心线垂直校正样板，加1cm缝份后依前中心线对称复制样板。

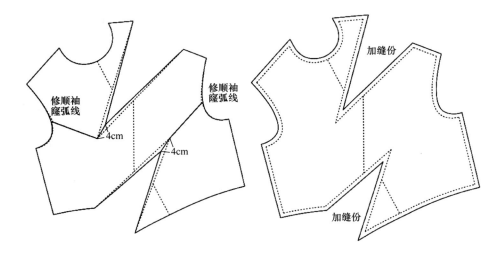

图 3-31　不对称平行省设计步骤 2

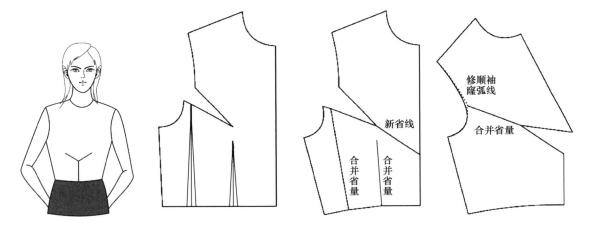

图 3-32　"Y"形省设计　　　　　图 3-33　"Y"形省设计步骤 1

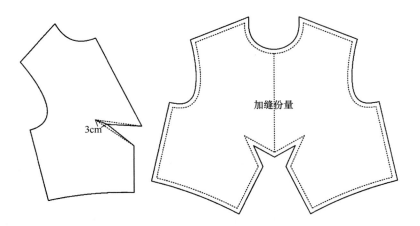

图 3-34　"Y"形省设计步骤 2

12.如图3-35所示，前衣片侧腰收褶设计，操作步骤如下：

（1）如图3-36所示，闭合侧腰省，同时将袖窿省转移至腰省，把腰左侧片分成四等分，顺正袖窿弧线。

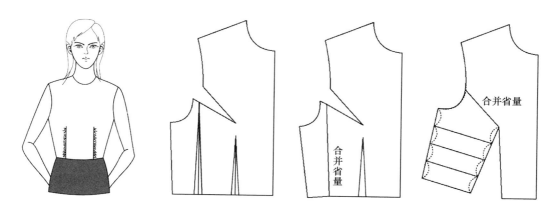

图 3-35　侧腰收褶设计

图 3-36　侧腰收褶设计步骤1

（2）如图3-37所示，根据款式中对褶量的要求，进行单侧展开，每等分拉开3cm，修顺展开后的线条，并修正省尖点距胸点3cm，加好1cm缝份后，依前中心线对称复制样板。

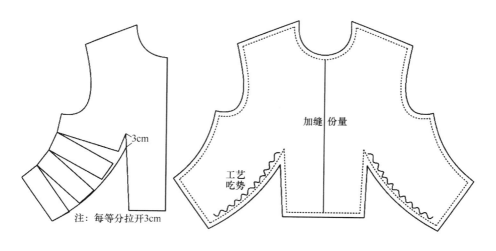

图 3-37　侧腰收褶设计步骤2

13.如图3-38所示，前衣片前中装饰褶设计，操作步骤如图3-39所示，根据款式造型要求画好分割线，从胸点画两条新省线至分割线。闭合侧腰省，将袖窿省和腰省分别转移至两条分割线之中。分别修顺袖窿弧线、分割弧线、腰节线。依前中心线对称复制样板。

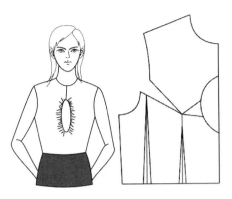

图 3-38　前中装饰褶
　　　　　设计

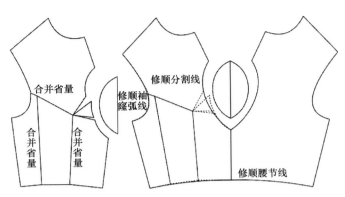

图 3-39　前中装饰褶设计步骤

14.如图3-40所示，前衣片领弧线收褶设计，操作步骤如图3-41所示，根据款式造型要求画好分割线，从胸点画新省线至分割线。闭合侧腰省，将袖窿省和腰省转移至新省线之中。分别修顺袖窿弧线、领弧线、腰节线。依前中心线对称复制样板。

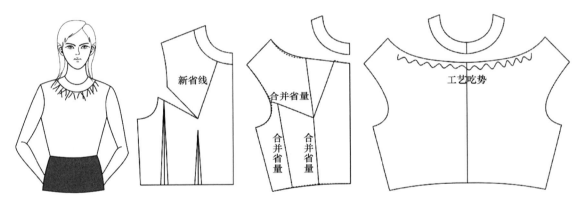

图 3-40　领弧线收褶
　　　　　设计

图 3-41　领弧线收褶设计步骤

15.如图3-42所示，前衣片不对称收褶设计，操作步骤如下：

（1）如图3-43所示，闭合侧腰省，将腰省转移至袖窿省。依前中心线对称复制，根据款式造型要求画好分割线，然后分别将左胸点画新省线至分割线、右胸点画新省线至分割线；调顺腰口弧线。

图 3-42　不对称收褶
　　　　　设计

图 3-43　不对称收褶设计步骤 1

（2）如图3-44所示，分别将左片袖窿省转移至新省线和右片袖窿省转移至新省线之中，调顺袖窿弧线和分割弧线，并标注好工艺吃势对位记号。

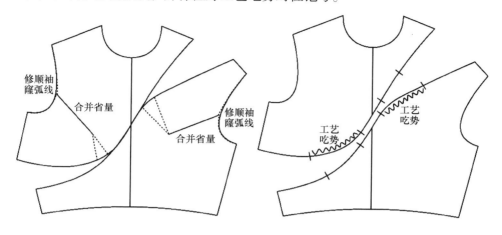

图 3-44　不对称收褶设计步骤 2

16.如图3-45所示，前衣片肩收省设计，操作步骤如下：

（1）如图3-46所示，闭合侧腰省，依前中心线对称复制前衣片，将前右片肩缝线分成5等分，把右前片腰省向前中方向平移4cm，根据款式造型要求画好4条新省线。

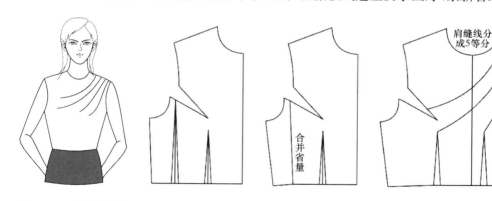

图 3-45　肩收省设计　　　　　图 3-46　肩收省设计步骤

（2）如图3-47所示，四个省道分别转移至对应的新省线之中，修顺袖窿弧线、腰口弧线，然后将肩缝上的四个省量调整均匀，加1cm缝份量。

17.如图3-48所示，前衣片装饰交叉褶设计，操作步骤如下：

（1）如图3-49所示，闭合侧腰省，画新省线（横省），对称复制前衣片。

（2）如图3-50所示，将袖窿省和腰省转移至横省，修顺袖窿弧线和腰口弧线，根据款式造型要求画两条新省线至袖窿弧线，把横省分成两等分，分别移至新省线之中。

（3）如图3-51所示，把袖窿弧线上其中一个省平移，然后分别按款式造型要求画交叉线，将四个省道闭合分别转移至对应的新省线之中，然后将腰口弧线前中线处分别展开5cm，画好省山线即可。

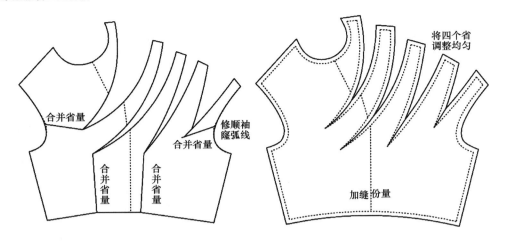

图 3-47　肩抽褶设计步骤

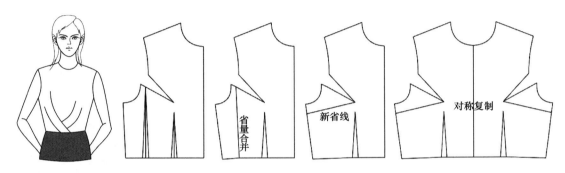

图 3-48　装饰交叉褶
　　　　　设计

图 3-49　装饰交叉褶设计步骤 1

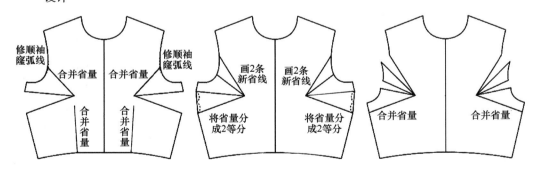

图 3-50　装饰交叉褶设计步骤 2

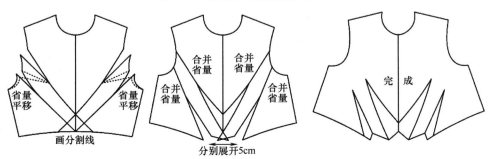

图 3-51　装饰交叉褶设计步骤 3

18.如图3-52所示，前衣片胸育克收褶设计，操作步骤如下：

（1）如图3-53所示，闭合侧腰省，闭合袖窿省转移至腰省，修正袖窿弧线，根据款式造型要求画好分割线。

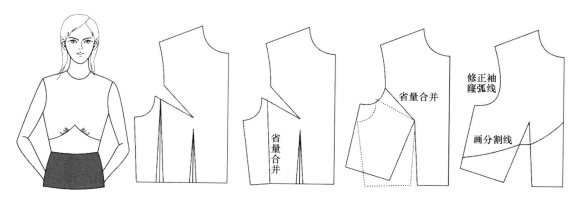

图 3-52　胸育克收褶　　　　图 3-53　胸育克收褶设计步骤 1
　　　　设计

（2）如图3-54所示，根据款式造型要求画展开线，并且展开3cm，修正袖窿弧线和分割弧线，将衣片下部分省道闭合，然后对称称复制样板，交标注好工艺吃势对位记号。

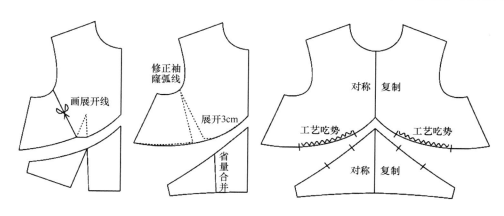

图 3-54　胸育克收褶设计步骤 2

19.如图3-55所示，后衣片育克设计，操作步骤如下：

（1）如图3-56所示，根据款式造型要求画分割线，闭合肩省，从侧腰省省尖画直线至袖窿弧线。

（2）如图3-57所示，修正肩缝线和分割弧线，将侧腰省转移至袖窿，把腰省的一半移至后中，另一半腰省转移至分割线，依后中线垂直校正样板，注明工艺吃势0.5cm和工艺对位记号。

20.如图3-58所示，后衣片公主缝分割设计，操作步骤如下：

（1）如图3-59所示，画一条新省线至袖窿弧线，将肩省分成三等分，$\frac{1}{3}$保留在肩缝线作为工艺吃势量，$\frac{2}{3}$转移至袖窿弧线作为工艺吃势量。分别修正肩缝线和袖窿弧线。

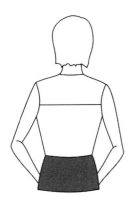

图 3-55　后育克设计

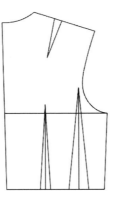

画分割线

图 3-56　后育克设计步骤 1

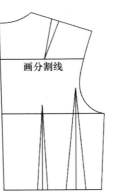

合并省量

从省尖画直线至袖窿弧线

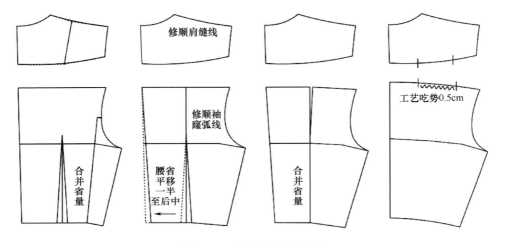

修顺肩缝线

修顺袖窿弧线

工艺吃势0.5cm

合并省量

腰省平移一半至后中

合并省量

图 3-57　后育克设计步骤 2

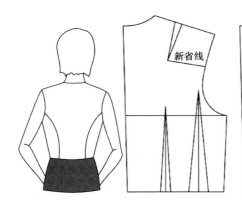

图 3-58　公主缝分割设计

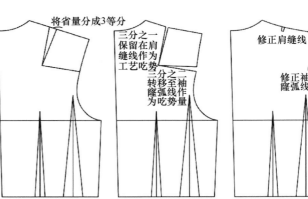

新省线

将省量分成3等分

三分之一保留在肩缝线作为工艺吃势

三分之二转移至袖窿弧线作为吃势量

修正肩缝线

修正袖窿弧线

图 3-59　公主缝分割设计步骤 1

（2）如图3-60所示，从侧腰省省尖画一条直线至袖窿弧线，闭合侧腰省转移至袖窿弧线，修正袖窿弧线，画公主缝分割线。

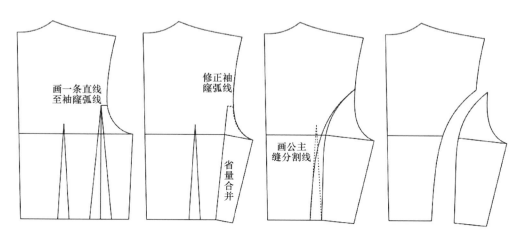

图 3-60 公主缝分割设计步骤 2

21.如图3-61所示，后衣片通肩缝分割设计，操作步骤如图3-62所示，将肩省和腰省向侧缝方向平移1cm，闭合侧腰省转移至袖窿，修顺袖窿弧线。画通肩公主缝。

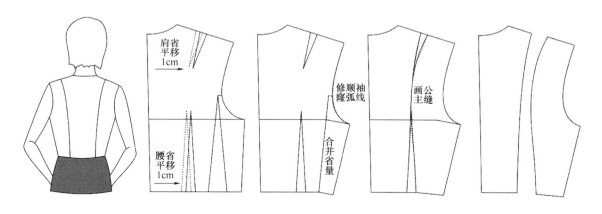

图 3-61 通肩缝分割
设计

图 3-62 通肩缝分割设计步骤

22.如图3-63所示，后衣片领省设计，操作步骤如图3-64所示，画一条新省线至后领弧线，闭合肩省转移至后领弧线，将侧腰省转移至袖窿弧线，修正袖窿弧线，画好省山线即可。

23.如图3-65所示，后衣片倒"T"形省设计，操作步骤如下：

（1）如图3-66所示，画一条新省线至后中线，闭合肩省转移至后中线。闭合侧腰省转移至袖窿弧线，修顺袖窿弧线。

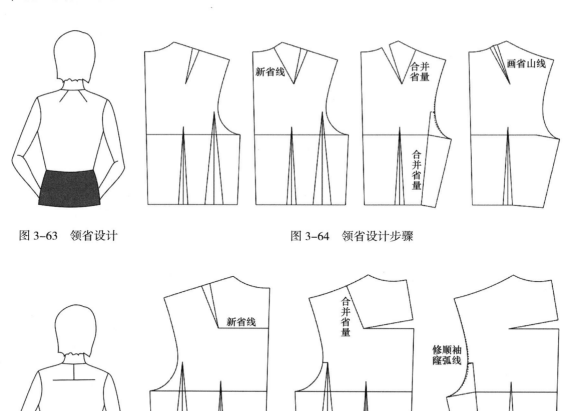

图 3-63　领省设计

图 3-64　领省设计步骤

图 3-65　倒"T"形省
　　　　　设计

图 3-66　倒"T"形省设计步骤 1

（2）如图3-67所示，闭合腰省转移至后中省，依后中线垂直校正样板，修正腰口弧线，并标注好工艺吃势标记。

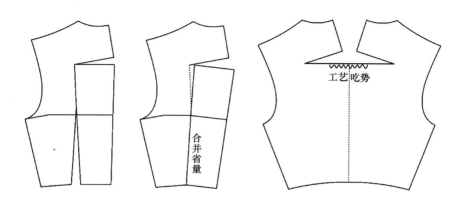

图 3-67　倒"T"形省设计步骤 2

24.如图3-68所示，后衣片育克抽褶设计，操作步骤如下：

（1）如图3-69所示，画新省线，闭合肩省转移至袖窿弧线，修正肩缝线和分割线。

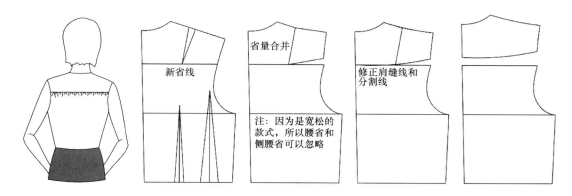

图 3-68　后育克抽褶设计　　　　　　　　　　图 3-69　后育克抽褶设计步骤 1

（2）如图3-70所示，将后片后中展开10cm，依后中心线对称复制后片样板。

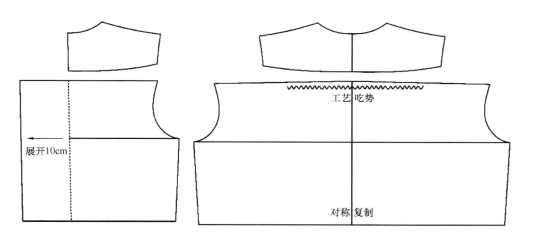

图 3-70　后育克抽褶设计步骤 2

第二节　服装结构设计的其他表现法

一、分割

　　分割是一种视觉比例设计。比例是部分与部分或部分与全体之间的数量关系。它是精确详密的比率概念。人们在长期的生产实践和生活活动中一直运用着比例关系，并以人体自身的尺度为中心，根据自身活动的方便总结出各种尺度标准，体现于衣食住行的器用和工具的制造中。恰当的比例则有一种谐调的美感，成为形式美法则的重要内容。美的比例是平面构图中一切视觉单位的大小，以及各单位间编排组合的重要因素。

分割也是黄金比例分割，黄金比例分割又称黄金比例设计，是一种数学上的比例关系。黄金分割具有严格的比例性、艺术性、和谐性，蕴藏着丰富的美学价值。应用时一般取0.618或1.618。黄金分割是根据黄金比例，将一条线分割成两段，总长度a+b与长度较长的a之比等于a与长度较短的b之比（即a/b=φ，φ为1.618）。

分割是继省道之后的又一种裁剪技巧，当两个省都指向胸高点时，我们可以将这两省连接起来，形成一条分割线，这就是平面结构中所讲的连省成缝的结构形式，分割技巧的使用使合体服装在结构设计上又增加了一种表现手段，同时也使服装设计语言更加丰富。

1.纵向分割——将肩省与胸腰省结合起来形成一条纵向分割线，如经典的公主线。除此之外，领口省与腰省、袖窿省与腰省等都是纵向分割。

2.横向分割——主要体现为一种水平或近似水平的分割线，如将袖窿省与前中心省连接形成横向分割，将肩胛省转移至袖窿处，连接两省形成后片的水平分割。

3.斜向分割——界于水平与垂直之间的分割形式，且是一种不对称的分割，如将右衣身的肩省与左衣身的侧缝省连接，形成贯穿衣身的斜向分割线。

4.直线分割与曲线分割——在服装结构分割设计中其成型后的线形主要表现为直线分割与曲线分割两种基本形式，其余皆是在此基础上的变化。直线分割是分割的基本表现形式，而曲线分割是对分割设计的丰富，但应注意的是曲度越大，工艺难度也就越大。

5.操作要求——无论是哪种方法、哪种形式，它们的操作方法是一致的。只要根据款式造型要求进行分割部位设计，只要达到最佳视觉和服装形态美的状态即可。

二、抽褶

抽褶是服装设计中运用较多的设计语言，它使服装显得更有内涵、更生动活泼，尤其是在少女装的设计中，抽褶是主要运用的一种表现形式。褶分为规律褶和自由褶两种基本形式。

1.规律褶——主要体现为褶与褶之间表现为一种规律性，如褶的大小、间隔、长短是相同或相似的。规律褶表现的是一种成熟与端庄，活泼之中不失稳重的风格。

2.自由褶——与规律褶相反，自由褶表现了一种随意性，在褶的大小、间隔等方面都表现出了一种随意的感觉，体现了活泼大方、怡然自得、无拘无束的服装风格。

3.常用规律褶。

（1）一字褶又称刀字褶（图3-71）。

（2）工字褶又称对褶（图3-72）。

（3）曲线褶（图3-73）。

（4）碎褶（图3-74）。

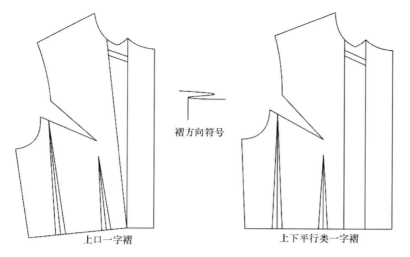

图 3-71　一字褶

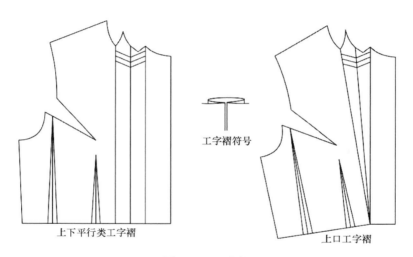

图 3-72　工字褶

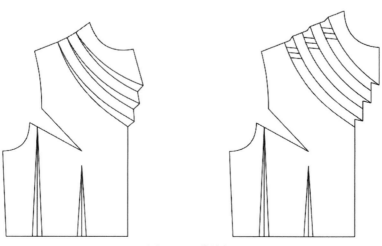

图 3-73　曲线褶

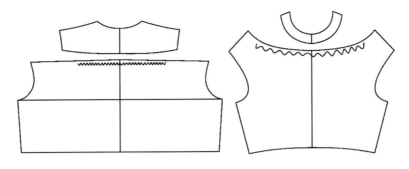

图 3-74 碎褶

三、切展

切展就是展开的一种形式，主要有碎褶、浪摆、荷叶边等形式（图3-75），不管是哪种形式的切展，只要根据款式造型的需要，拉开一定的量，就可以得到我们想要的碎褶、浪摆、荷叶边（图3-76）。

图 3-75 采用切展形式的服装

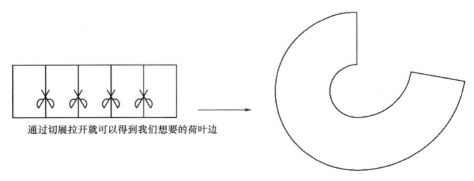

通过切展拉开就可以得到我们想要的荷叶边

图 3-76 切展操作步骤、

第四章　裙子结构变化原理与应用

　　裙子是女性着装的常用服装品类，其款式多种多样，归纳起来有直筒裙、圆裙、节裙三大类结构。裙子一般以腰部、长度、围度的变化为主。腰部的变化有高腰、装腰（直腰）、低腰（弧形腰）三种之分。长度的变化有长裙、七分裙、膝裙、短裙等。

第一节　裙子原型

一、制图尺寸

　　腰围64cm，臀围90cm，臀高18cm，裙长60cm。

二、制图步骤

　　此处仅提供日本文化式第7代裙原型的绘制步骤。

　　1.画基础线（图4-1）

　　（1）画一个矩形，长度为裙长60cm，宽度为47cm（计算公式：$\dfrac{臀围90cm}{2}+2cm$），其中2cm为臀围放松量。

　　（2）从腰围基础线（矩形上端）向下取臀高18cm画一条水平线为臀围线。

　　（3）将臀围线平分确定中点，自中点向左偏移1cm作一条垂直线为侧缝基础线。偏移1cm是根据人体体型而进行的互借设计。

　　（4）前后腰围也采用互借设计。即前片腰围是17.5cm（计算公式：$\dfrac{腰围64cm}{4}+0.5cm+1cm$），后片腰围是16.5cm（计算公式：$\dfrac{腰围64cm}{4}+0.5cm-1cm$）。确定好前、后腰围尺寸后，分别将前后腰围多余量分成3等分，$\dfrac{1}{3}$为侧缝省(侧缝省为隐形省)，$\dfrac{2}{3}$为腰省量。

　　2.画轮廓线（图4-2）

　　（1）后腰围线后中端点下降1cm，然后画一条平缓弧线至三等分点处起翘0.7cm。弧线两个端角要呈90°直角。

　　（2）自起翘0.7cm点处向下画弧线与侧缝基础线相连。相连交点在臀围线上5cm处。相连交点不能要保持线型顺畅，不能有转角。

　　（3）沿后中基础线描出后中线。

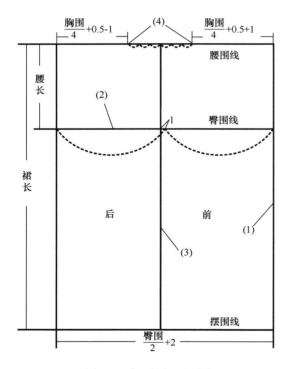

图 4-1 裙子原型基础线

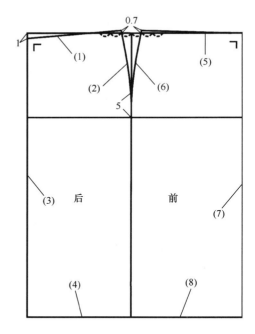

图 4-2 裙子原型轮廓线

（4）沿下摆基础线描出后裙下摆线。

（5）腰围线前中端点画一条平缓弧线至三等分点处起翘0.7cm。弧线两个端角要呈90°直角。

（6）自起翘0.7cm点处向下画弧线与侧缝基础线相连。相连交点在臀围线上5cm处。相连交点不能要保持线型顺畅，不能有转角。

（7）沿前中基础线描出前中线。

（8）沿下摆基础线描出前裙下摆线。

3.省量分配

裙原型与上衣原型（第7代文化式上衣原型）配合使用确定裙子腰围省量更加合理、准确。如图4-3所示，裙子省的位置与上衣相互协调，从前中向侧缝方向第1个省位与前片上衣省位对齐。同样，从后中向侧缝方向第1个省位与后片上衣省位对齐。然后画好腰省，并修顺腰口弧线。

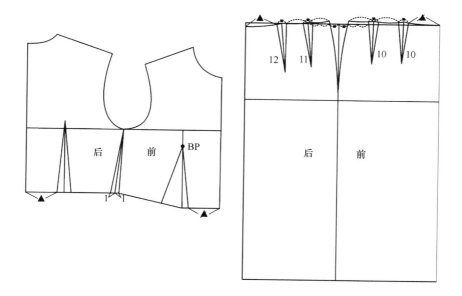

图 4-3　第 7 代文化式女上衣原型与裙原型腰省对位示意图

第二节　裙子变化原理

裙子的种类和款式造型千变万化，款式各异，长短不一。裙子在直筒裙的基础之上再加以分割、收褶，改变腰位以及裙摆的形状，就可以设计各种各样的裙子，满足消费者的不同需要。

一、裙子的分类

1. **按裙子的长度分类**（表 4-1、图 4-4）。

表 4-1　裙长尺寸对照表　　　　　　　　　　　　　　　　　　单位：cm

序号	种类	尺寸范围	参考计算方法
1	超短裙	28 ~ 35cm	取人体腰围至膝围$\frac{1}{2}$尺寸+1 ~ 3cm
2	短裙	35 ~ 45cm	取人体腰围至膝围$\frac{1}{2}$尺寸+6 ~ 15cm
3	膝裙	53 ~ 58cm	取人体腰围至膝围尺寸 ±1 ~ 3cm
4	中长裙	65 ~ 75cm	取人体腰围至足跟骨$\frac{2}{3}$尺寸 ±1 ~ 3cm
5	长裙	86 ~ 94cm	取人体腰围至足跟骨尺寸-0 ~ 6cm
6	全长裙	96 ~ 98cm	取人体腰围至足跟骨尺寸+2 ~ 100cm

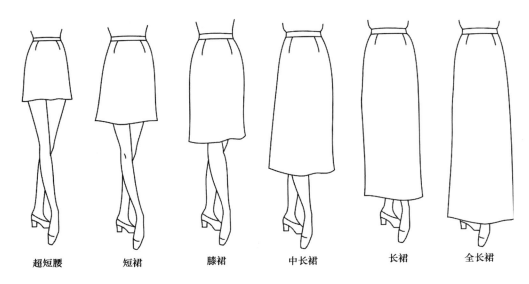

超短腰　　　短裙　　　　膝裙　　　　中长裙　　　　长裙　　　　全长裙

图 4-4　按裙子的长度分类

（1）超短裙

超短裙又称迷你裙。裙长一般在28~35cm之间。

（2）短裙

短裙与超短裙的裙长无明显的界限，一般认为短裙可稍长于超短裙。

（3）膝裙

是指裙子的长度刚好位于膝围部位上下1~3cm的裙子。

（4）中长裙

裙长位置设计在膝围以下并仅能盖住小腿肚的裙子。

（5）长裙

裙长位置设计在足跟骨上下的裙子。

（6）全长裙

此类裙子一般适合于配穿高跟鞋，裙长一直拖至地上。

2. 按裙子腰围线高低分类（图 4-5）。

（1）低腰裙

低腰裙是指裙子的腰围线低于人体腰围的裙子，一般可低于人体腰围线8~12cm。

（2）中低腰裙

低腰裙是指裙子的腰围线低于人体腰围的裙子，一般可低于人体腰围线2~8cm。

（3）平腰裙

正腰裙指裙子腰头（一般指弧形腰头）或腰口上口正好是人体腰围线。

（4）装腰裙

装腰裙是指裙子腰头高的$\frac{1}{2}$处正好是人体腰围线。

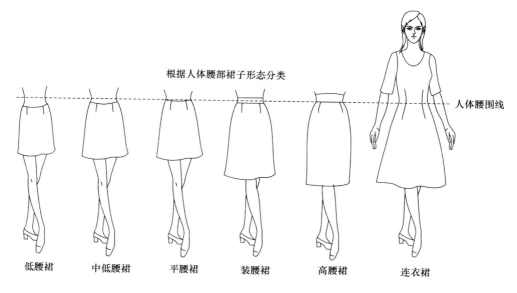

图 4-5　按裙子腰围线高低分类

（5）高腰裙

高腰裙指裙子与腰头连为一体，而不需另装腰头。且腰围上口超过人体腰围线2~8cm。

（6）连衣裙

由衬衫式的上衣和各类裙子相连接成的连体服装样式。

3. 按裙子廓型的变化分类

可以分为紧身裙、半紧身裙、斜裙、半圆裙、整圆裙（图4-6）。

图 4-6　按裙子廓型的变化分类

4. 按裙的片数分类

可以分为一片裙、四片裙、多片裙、节裙等（图4-7）。

图 4-7　按裙的片数分类

5. 按褶的类别分类

可以分为单向褶（刀字褶）裙、对褶（工字褶）裙、活褶裙、碎褶裙、立体褶裙、百褶裙等（图4-8）。

图 4-8　按褶的类别分类

二、裙子成品规格设计

1.裙长：裙长的设计主要决定于款式。长度设计可以参考表1-4。

2.腰围：从裙子穿着压力和舒适性的角度考虑，人体在腰围尺寸缩小2cm时不会感到不舒服，另外由于女性穿着裙子时一般不会系皮带，基于这两点考虑裙子腰围加放量比较小，在0～2cm之间。

3.臀围：对于一般面料而言，臀围加放量的最小值为4cm，弹性大的面料加放量可以取得小一些，但一般不能小于人体臀围尺寸，臀围加放量的设计与裙子的款式有关，紧身裙的加放量在4～6cm，A型裙的加放量为6～8cm，大摆裙和斜裙等其他类型裙子的臀围加放量在8cm以上。

4.摆围：裙摆围度的大小与款式和裙长有关，当裙摆小于正常行走的尺度时，要采用设计开衩或褶裥，不然行走会受到影响。

三、裙子的变化原理

裙子变化原理主要体现在裙子廓型变化设计。裙子廓型变化设计是裙子整体外观造型的设计，主要是H型和A型两种造型。H型的裙子纸样为长方形，A型裙子的纸样为A型、圆型、扇型（图4-9）。

（一）裙子廓型分类

1. 紧身裙

紧身裙是比较合体的裙子，包括超短裙、西服裙等，紧身裙的特点主要有两个方面：一是在腰部和臀部比较合体，二是裙摆围度较小。

2. 半紧身裙（图 4-10）

半紧身裙也称"A"字裙。与紧身裙相比，"A"字裙的裙摆围和臀围增大了。"A"型裙的纸样设计可以直接作图，也可以利用原型裙合并省道下摆展开的方法。这里先利用

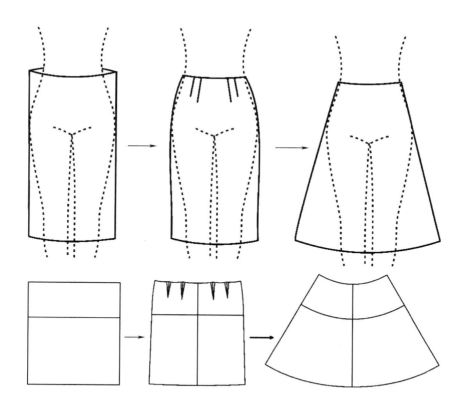

图 4-9　裙子廓型的设计

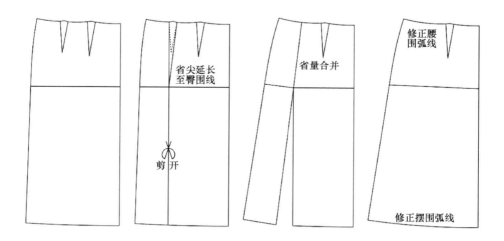

图 4-10　转省设计半紧身裙

原型变化"A"型裙，以得出"A"型裙变化的规律，通过观察其结构可以发现是腰围线和摆围线的弯曲程度增大程度。

3. **斜裙**（图 4-11）

斜裙是腰围弯曲程度进一步增加，臀围增大，裙摆围度增大，这时裙子体现的造型只是腰部合体，其他部位则是比较宽松飘逸的风格，为适合人体而弯曲的侧缝线可以转化为直线。可以利用原型加宽摆量，将原型的两个省道合并转移至下摆，同时将侧缝改成直线。

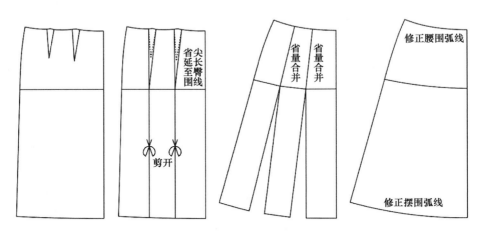

图 4-11　转省设计斜裙

4. 圆裙

圆裙分半圆裙和整圆裙两种。半圆裙是指裙摆围度正好是整圆的一半，整圆裙则是裙摆围度恰好是一个整圆，整圆裙是裙子整体结构设计的极限。这两种款式的裙子臀围加放更多，裙摆更大，充分体现了裙子飘逸的风格，在这种情况下省道的作用消失，侧逢为直线，而腰围的弯曲程度更大。

（二）廓型变化规律

通过观察分析上述4种不同廓型裙子的纸样设计方法，可以得出裙子廓型结构变化的基本规律（图4-12）。

1. 随着裙摆由紧身转化为宽松，腰口线逐渐增加弯曲程度，腰口线弯曲程度越大，裙摆越宽松，即腰口线是制约廓型裙裙摆的关键因素。

2. 省道的设计

（1）省的位置和省量的大小。裙子省道位置设计比较灵活，一般 $\frac{1}{4}$ 片设计两个省道，可以将 $\frac{1}{4}$ 片的腰口线三等分，$\frac{1}{4}$ 片设计一个省道，$\frac{1}{4}$ 片两等分，收省类的裙省长不能超过臀围线上5cm。转省类的裙子腰省可以画至臀围线。

（2）省量的大小与裙子的合体程度及人体的体型有关，一般来讲，一片纸样中一个省量不会超过3.5cm。

3. 侧缝线在合体裙子的纸样设计中起到收省的作用，当裙子在臀部逐渐变得宽松时，收省的作用消失，侧缝由曲线变为直线。

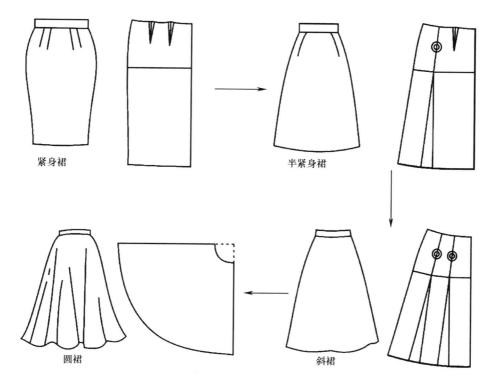

紧身裙　　　　　　　　半紧身裙

圆裙　　　　　　　　斜裙

图 4-12　廓型变化示意图

第三节　西装短裙

一、西装短裙款式效果图（图 4-13）

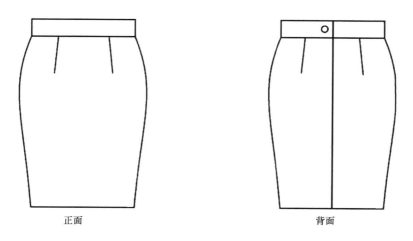

正面　　　　　　　　背面

图 4-13　西装短裙款式效果图

二、西装短裙规格尺寸表（表4-2）

单位：cm

表4-2　西装短裙规格尺寸表

号型 部位	S 155/64A	M（基础板） 160/68A	L 165/72A	XL 170/76A	档差
裙长	54.5	56	57.5	59	1.5
腰围	64	68	72	76	4
臀围	88	92	96	100	4
摆围	80	84	88	92	4

三、西装短裙制板步骤

西装短裙是紧身裙，是在原型的基础上进行结构设计。为了便于穿脱，后中装隐形拉链，拉链开口一般在臀围线下0.5～2cm处。为了便于行走和运动，后中下摆处开衩，开衩一般在臀围线下20～25cm处。通常衩长15～20cm。腰头为直腰，腰头宽3cm，腰头搭门量2.5cm。具体制图方法与步骤见图4-14。

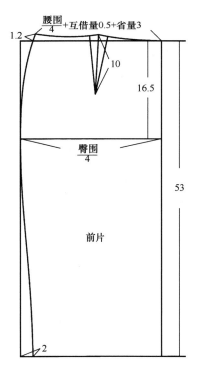

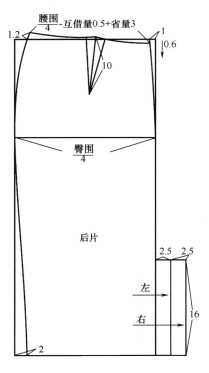

图4-14　西装短裙结构图

1.画结构矩形，宽度23cm（计算公式：$\dfrac{臀围92cm}{4}$），长度53cm（计算公式：裙长56cm–腰头宽3cm）。

2.臀围线取腰围基础线向下取16.5cm(计算方法：臀高18cm – $\dfrac{腰头宽3cm}{2}$)，因为直腰头类裙子一半正好是与人体腰围线吻合的。

3.前、后腰围量采用互借0.5cm进行设计。

4.后中下摆处开衩16cm。

四、样板处理

1.腰头工艺示意图（图4–15）。

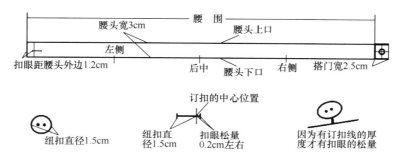

图 4–15 西装短裙腰头工艺示意图

2.里布处理示意图（图4–16）。

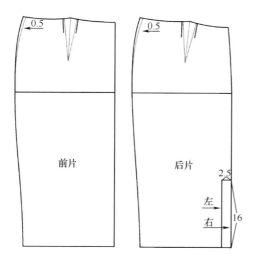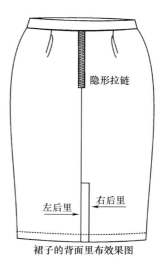

图 4–16

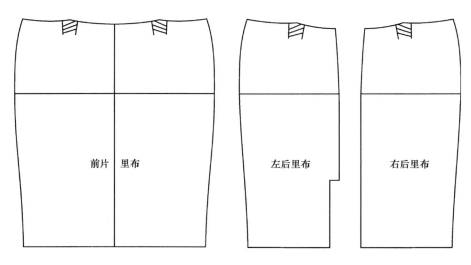

图 4-16　西装短裙里布处理示意图

3.如图4-17所示，除前片、后左片、后右片下摆缝份为3.8cm，其他部位的缝份统一为1cm。

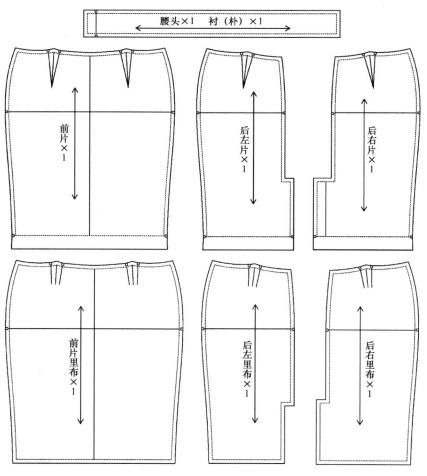

图 4-17　西装短裙样板

第四节　拼接裙

一、拼接裙款式效果图（图4-18）

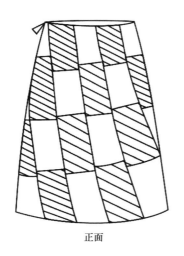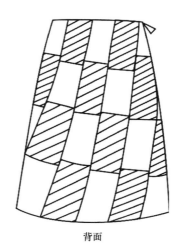

正面　　　　　　　　　　　　　　　背面

图4-18　拼接裙款式效果图

二、拼接裙规格尺寸表（表4-3）

表4-3　拼接裙规格尺寸表　　　　　　　　　　　　　　单位：cm

号型 部位	S 155/64A	M(基础板) 160/68A	L 165/72A	XL 170/76A	档差
裙长	56	58	60	62	2
腰围	64	68	72	76	4
臀围	88	92	96	100	4
摆围	100	104	108	112	4

三、拼接裙制板步骤

这款拼接裙很有代表性，一是没有传统意义上的侧缝线，二是有34块裁片、5块样板、两个颜色，三是从上至下，每块裁片累计长1cm。具体制图方法与步骤见图4-19。

1.画结构矩形，宽度23cm（计算公式：$\dfrac{臀围92cm}{4}$），长度为裙长56cm。

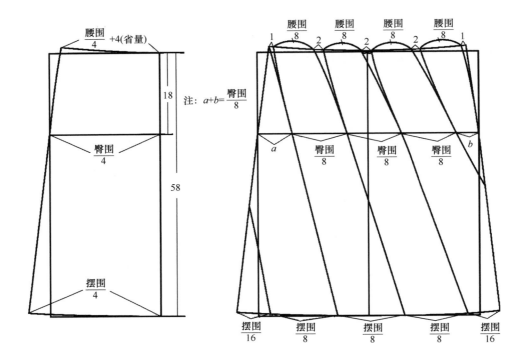

图 4-19　拼接裙结构图

2.用公式$\dfrac{腰围68cm}{8}$计算将腰围分成四等分。

3.从下摆侧缝处量取6.5cm（计算公式：$\dfrac{摆围104cm}{16}$）后，再量取13cm的三段线（计算公式：$\dfrac{摆围104cm}{8}$），剩下的线段正好也是6.5cm（计算公式：$\dfrac{摆围104cm}{16}$）。

4.用公式$\dfrac{臀围92cm}{8}$计算将臀围分成四等分，侧缝两侧的两段线相加正好是一等分。

四、样板处理

1.如图4-20所示，先量取裁片中线的长度，然后用公式计算出每块裁片的长度，计算公式：

X+（X+1）+（X+2）+（X+3）=裁片中线的长度（注：X=裁片的基本长度）

2.如图4-21所示，除下拼块下摆缝份3cm外，所有裁片其他部位的缝份统一为1cm。为了便于流水线作业，我们将裁片上口打1个标记（刀眼），裁片下口打两个标记（刀眼）。

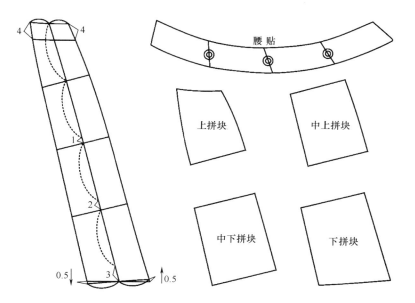

图 4-20　拼接裙裁片处理图

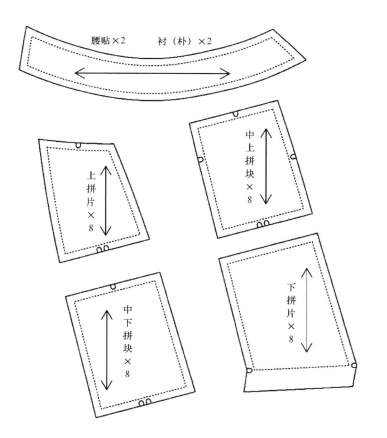

图 4-21　拼接裙样板

第五节　时装裙

一、时装裙款式效果图（图4-22）

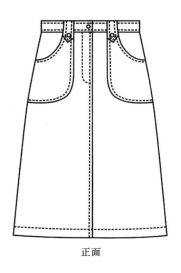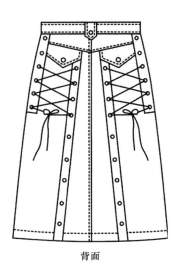

正面　　　　　　　　　　　　背面

图4-22　时装裙款式效果图

二、时装裙规格尺寸表（表4-4）

表4-4　时装裙规格尺寸表　　　　　　　　　　单位：cm

号型 部位	S 155/64A	M(基础板) 160/68A	L 165/72A	XL 170/76A	档差
裙长	54	56	58	60	2
腰围	66	70	74	78	4
臀围	88	92	96	100	4
摆围	94	98	102	106	4

三、时装裙制板步骤

这一款时装裙没有收腰省，但腰臀部位很合体，我们在进行结构设计时，首先要考虑到腰省的转移。具体制图方法与步骤如下：

1.如图4-23所示，画好腰头。

2.如图4-24所示，前中收1cm的省，腰省不宜过大，因为腰省太大转移至贴袋中，会不平服。2.5cm最好。

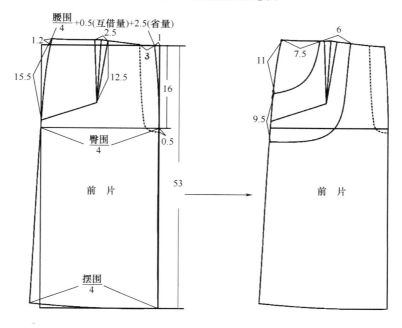

图 4-23　时装裙腰头示意图

图 4-24　时装裙前片结构图

3.如图4-25所示，后中收1cm的省，且后中下降0.5cm腰省转移至后育克（后机头）分割缝中。

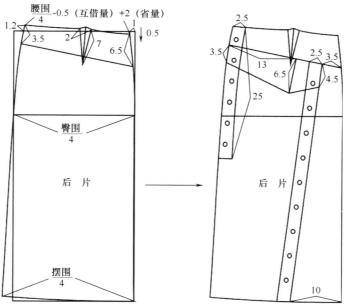

图 4-25　时装裙后片结构图

四、样板处理

1.门襟、里襟、串带（图4-26）。

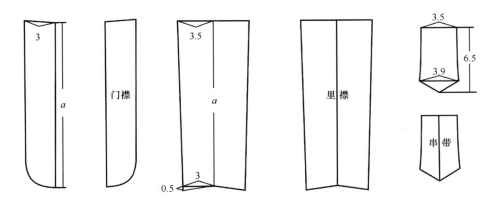

图4-26　门襟、里襟、串带图

2.前片样板处理（图4-27）。

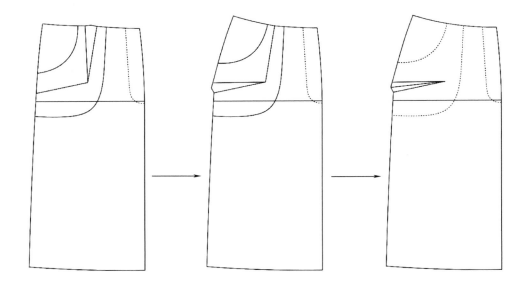

图4-27　前片样板处理图

3.贴袋和袋贴样板处理（图4-28）。

4.后育克（后机头）样板处理（图4-29）。

5.如图4-30所示，除前片、后中片、后侧片、装饰片下摆缝份为3cm，其他部位的缝份统一为1cm。

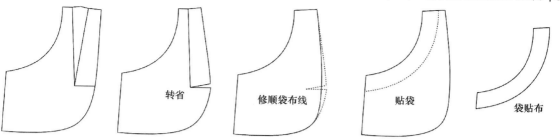

图4-28　贴袋和袋贴样板处理图

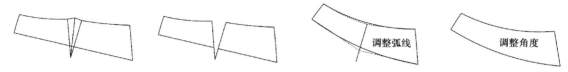

图4-29　后育克（后机头）样板处理图

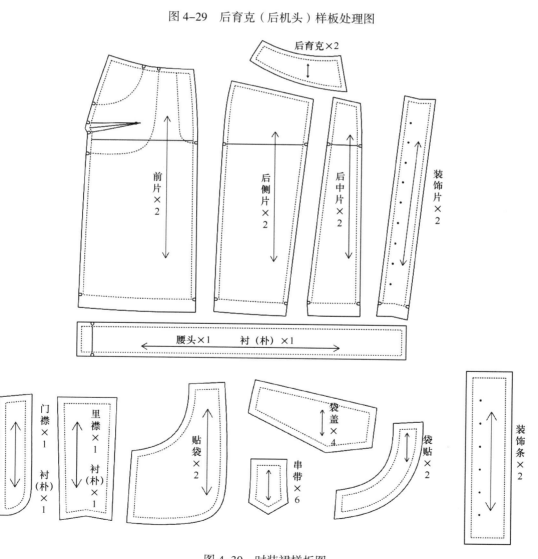

图4-30　时装裙样板图

第六节　收褶裙

一、收褶裙款式效果图（图4-31）

正面　　　　　　　　　　　背面

图 4-31　收褶裙款式效果图

二、收褶裙规格尺寸表（表4-5）

表 4-5　收褶裙规格尺寸表

单位：cm

号型 部位	S 155/64A	M(基础板) 160/68A	L 165/72A	XL 170/76A	档差
裙长	54	56	58	60	2
腰围	64	68	72	76	4
臀围	88	92	96	100	4
摆围（展开）	152	156	160	164	4

三、收褶裙制板步骤

　　这是一款收双向褶的裙子，腰臀部位很合体，腰省的转移至分割缝中。如图4-32所示，画好结构图。

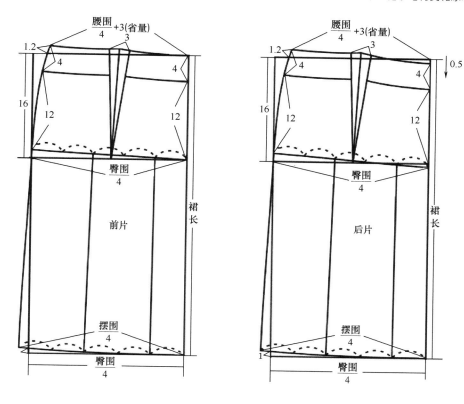

图 4-32　收褶裙结构图

四、样板处理

1. 前腰贴和前上拼块样板处理（图4-33），前、后腰贴和前、后上拼块样板处理方法一样。

2. 前片样板处理（图4-34），后片与前片样板处理方法一样。

图 4-33　前腰贴和前上拼块样板处理

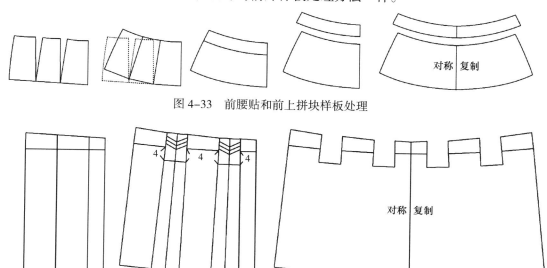

图 4-34　前片样板处理

3.如图4-35所示，除前片和后片的下摆缝份为3cm，其他部位的缝份统一为1cm。

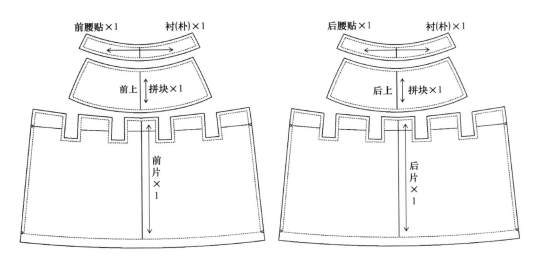

图 4-35　收褶裙样板图

第五章 裤子结构变化原理与应用

　　裤子是人们下装的主要服装品类之一，裤子的品种式样很多，从长度上可以分为短裤、五分裤、七分裤、九分裤、长裤等，从款式造型可以分为合体和宽松两大类。

第一节 女裤基本型

一、女裤基本型款式效果图（图5-1）

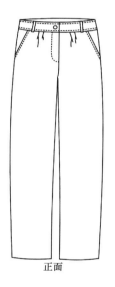
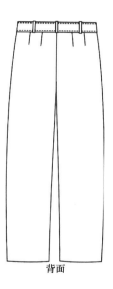

正面　　　　　　　　　　　　　　背面

图5-1　女裤基本型款式效果图

二、女裤基本型规格尺寸表（表5-1）

表5-1　女裤基本型规格尺寸表　　　　　　　　　单位：cm

部位 ＼ 号型	S 155/64A	M(基础板) 160/68A	L 165/72A	XL 170/76A	档差
裤长	97	100	103	106	3
腰围	64	68	72	76	4
臀围	94	98	102	106	4

号型 部位	S 155/64A	M(基础板) 160/68A	L 165/72A	XL 170/76A	档差
上裆(不含腰)	24.8	25.5	26.2	26.9	0.7
前裆弧长(不含腰)	26.6	27.5	28.4	29.3	0.9
后裆弧长(不含腰)	34.8	35.8	36.8	37.8	1
横裆宽	57.5	60	62.5	65	2.5
膝围	43	45	47	49	2
裤口	42	44	46	48	2

三、女裤基本型制图步骤

（一）画基础线（图5-2）

1.首先画一条垂直线97cm（计算方法：裤长100cm-腰头宽3cm），为侧缝基础线。

2.在侧缝基础线上端点画垂直水平线24cm（计算方法：$\dfrac{臀围98cm}{4}$－互借量0.5cm），为腰围基础线。

3.在侧缝基础线25.5cm（计算方法：$\dfrac{臀围98cm}{4}$+1cm）处画一条垂直水平线28.1cm（计算方法：前片臀围量24cm+$\dfrac{臀围98cm}{24}$）为横裆线。

4.将上裆分三等分（横裆线至腰围基础线），从$\dfrac{1}{3}$上裆处画垂直水平线24cm（计算方法：$\dfrac{臀围98cm}{4}$－互借量0.5cm）为臀围线。

5.从腰围基础线前中端点画一条垂直线相交至横裆线。

6.从横裆线向下平行量取30～32cm开始画膝围线。

在侧缝基础线25.5cm（计算方法：$\dfrac{臀围98cm}{4}$+1cm）处画一条垂直水平线24cm（计算方法：$\dfrac{臀围98cm}{4}$－互借量0.5cm）为臀围线。

7.在侧缝基础线下端点画垂直水平线24cm（计算方法：$\dfrac{臀围98cm}{4}$－互借量0.5cm），为裤口基础线。

8.烫迹中缝线。

（1）横裆线与侧缝交接处向上量0.8cm，定为新的横裆线侧缝外部端点。该量是要根据人体造型特征确定的。

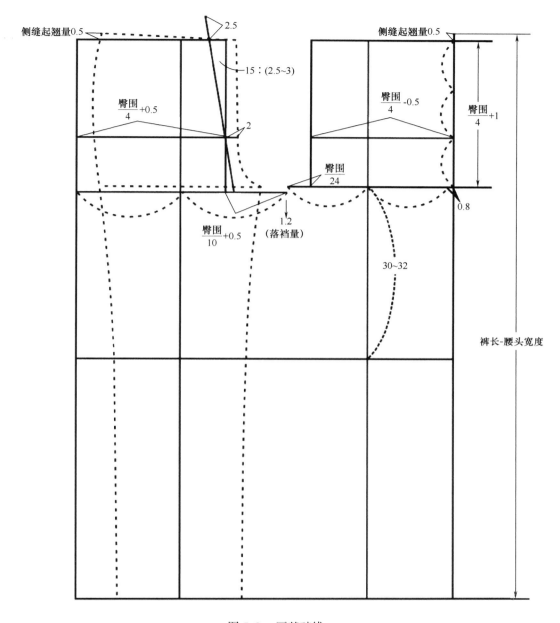

侧缝起翘量0.5

2.5

15 : (2.5~3)

$\dfrac{臀围}{4}$+0.5

2

侧缝起翘量0.5

$\dfrac{臀围}{4}$-0.5

$\dfrac{臀围}{4}$+1

$\dfrac{臀围}{24}$

0.8

$\dfrac{臀围}{10}$+0.5

1.2
（落裆量）

30~32

裤长-腰头宽度

图 5-2 画基础线

（2）从横裆线侧缝外部端点（劈势处理的端点）至横裆线裆底端点平分点画烫迹中缝线。

（二）画女裤基本型结构图（图 5-3）

1. 画女裤基本型前片结构图

（1）前裆弧线（前浪弧线）

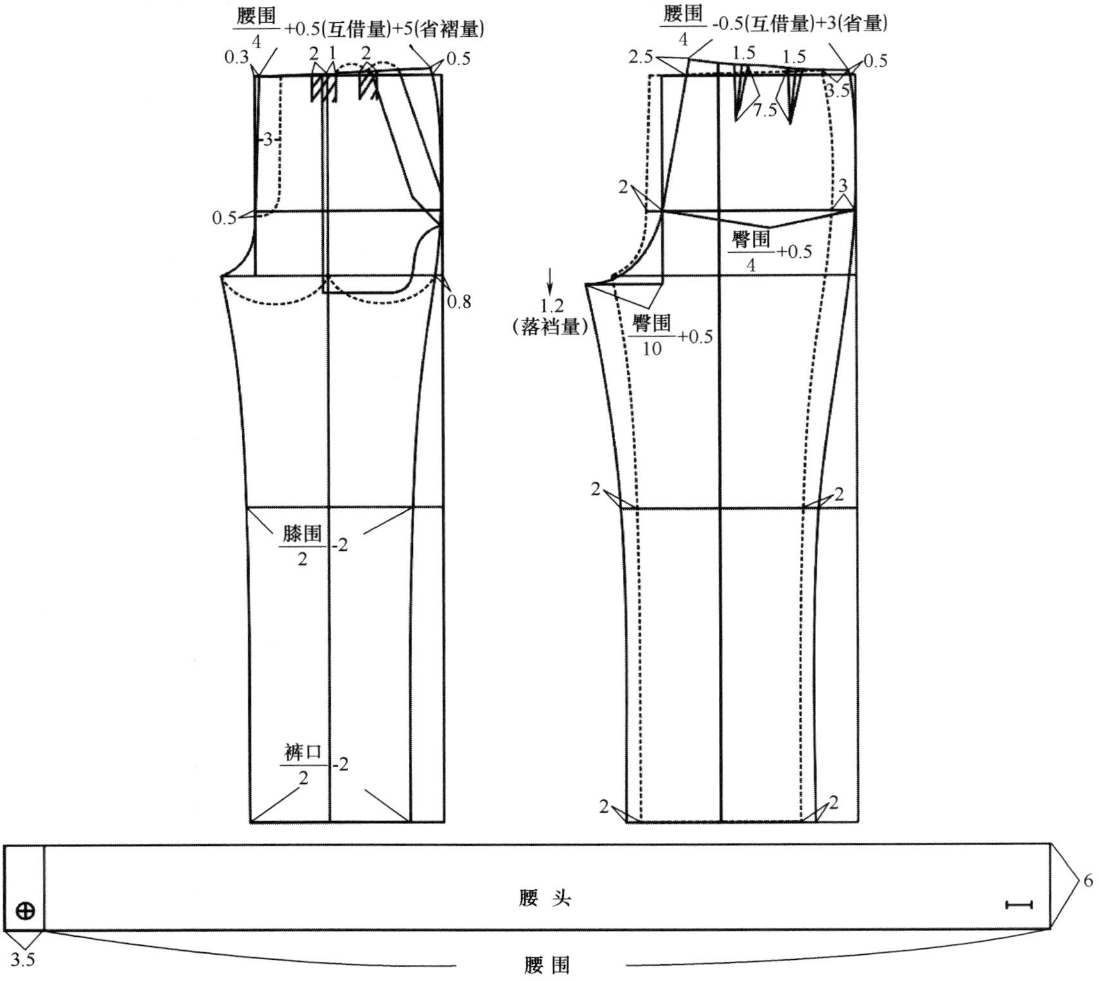

图 5-3　女裤基本型结构图

①腰围基础线前中处劈势量为0.3cm，劈势量是要根据人体造型特征确定的。

②将腰围线前中端点、臀围线前中端点、横裆线裆底端点三点相连，并画顺前裆弧线（前浪弧线）。

（2）腰围线

①腰围基础线前中端点向侧缝方向量取22.5cm（计算方法：$\dfrac{腰围68cm}{4}$+互借量0.5cm+省褶量5cm）并向上起翘0.5cm；与腰围基础线前中端点连成一条腰围线。

②第1个省褶在烫迹中缝线腰围线相交点向前中偏移2cm画省褶宽3cm，省褶长为3.5～4.5cm。

③腰围线侧缝端点向前中量取3.5cm处画侧袋口长取15cm。

④第2个省褶中点取第1省褶外部端点与侧袋外部端点分距离中点，第2个省褶宽为2cm，省褶长为3.5~4.5cm。

（3）内侧缝线和外侧缝线

①从膝围线烫迹中缝线的交点分别向两边量取10.25cm（计算方法：$\dfrac{膝围45cm-2cm}{2}$）确定膝围线端点。

②从裤口线烫迹中缝线的交点分别向两边量取10cm（计算方法：$\dfrac{裤口44cm-2cm}{1}$）确定裤口线端点。

③分画顺内侧缝线和外侧缝线。

（4）如图5-4所示，画好袋布、袋贴、袋口贴、门襟、里襟。

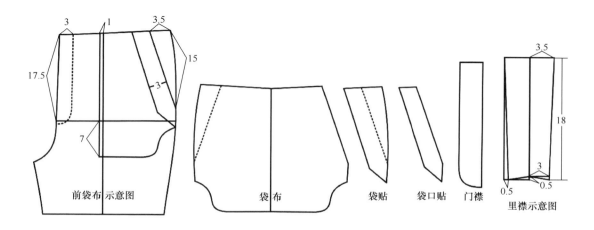

图5-4　袋布、袋贴、袋口贴、门襟、里襟分解图

2. 画女裤基本型后片结构图

（1）首先将前片的基础线和外部轮廓复制或直接在前片的基础上绘制后片。

（2）在前片臀围线前中端点向侧缝方向2cm处画一条垂直水平线25cm（计算方法：$\dfrac{臀围98cm}{4}$+互借量0.5cm）为后片臀围线。

（3）后片落裆量1.2cm，后片裆底宽10.3cm（计算方法：$\dfrac{臀围98cm}{10}$+0.5cm）。

（4）后片膝围和裤口线部位在前片的基础上加2cm即可确定后片的膝围和裤口。

（5）后裆弧线（后浪弧线）

后裆斜线的倾斜度取15∶3定后片的后裆斜线（参见P102，图5-16），后裆斜线延长至腰围基础线向上起翘2.5cm定后片腰围线后中端点，然后调顺后裆弧线（后浪弧线）。

（6）腰围线

①腰口线后中端点向侧缝方向取19.5cm（计算方法：$\dfrac{腰围68cm}{4}$-互借量0.5cm+省量

3cm）并向上起翘0.5cm，与腰围基础线后中端点连成一条腰围线。

②将腰围线分成3个等分，然后分别画好2个腰省。腰省量1.5cm，腰省长7.5cm。

（7）分画顺内侧缝线和外侧缝线。

3. 画腰头

如图5-5所示，画腰头长度71.5cm（计算方法：腰围68cm+里襟宽度3.5cm）。腰头宽度6cm，因为腰头为双折缝制。

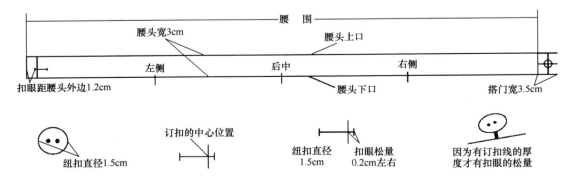

图 5-5　腰头工艺分解图

四、样板图

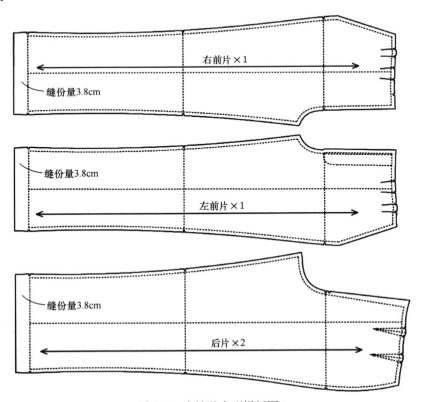

图 5-6　女裤基本型样板图 1

注：没有特别标注外，其他部位缝份量统一为1cm。

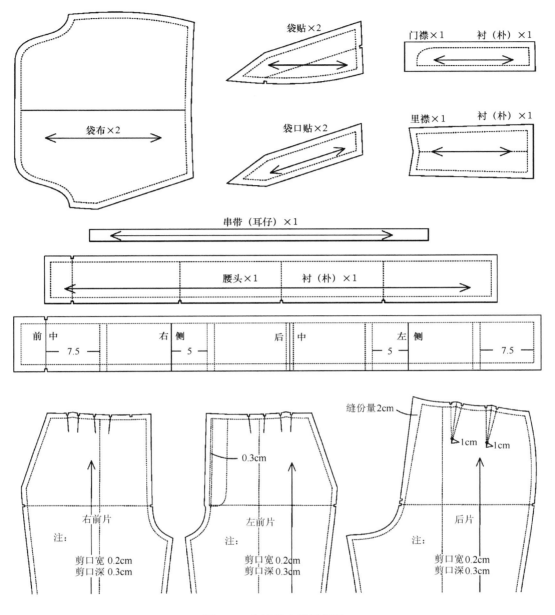

图 5-7 女裤基本型样板图 2

第二节 裤子变化原理

裤子是包覆人体腹部、臀部、腿部的服装品类，而人体腹部、臀部是复杂的曲面体，故裤子必须满足人体下体的静态和动态形态的需要。裤子变化原理主要体现在裤子廓型变化设计。裤子廓型变化设计是裤子整体外观造型的设计，裤子廓型变化设计分为4种：直筒裤（长方形）、锥形裤（倒梯形）、钟形裤（梯形）、马裤（菱形）。这4种廓型的结构组合就构成了裤子造型变化的内在结构规律。

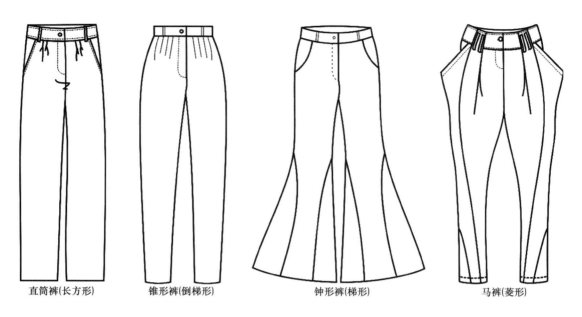

直筒裤（长方形）　　　锥形裤（倒梯形）　　　　钟形裤（梯形）　　　　　马裤（菱形）

图 5-8　裤子廓型变化分类

一、裤子廓型分类

1.直筒裤

直筒裤又称"筒裤"，裤形呈长方形。直筒裤的裤口一般不用翻卷。由于脚口较大（与中裆相同），裤管挺直，所以有整齐、稳重之感。直筒裤的结构设计遵循裤子的基本结构，长度与基本裤的相同，中腿线向上提3~5cm左右，脚口比中腿小1~2cm（与原型基本相同），这是因为视觉差的原因所致。

2.锥形裤

锥形裤（倒梯形）在造型上强调臀部，缩小脚口，形成上宽下窄的倒梯形。锥形裤在结构上往往采用腰部作褶及高腰的处理方法，比较合体。为了夸张腰部、臀部，可用剪切法在基本图形上沿中迹线剪开纸样，腰部增大的量为褶量，褶量的大小依造型而决定。锥形裤的长度不宜超过足外踝点，脚口适当减小，当减少至小于足围时，应用开衩处理。后身结构一般不剪开放量。

3.钟形裤

钟形裤也称喇叭裤，是现代裤类名称。所谓钟形裤，因裤腿形状似喇叭而得名。它的特点是：低腰短裆，紧裹臀部；裤腿上窄下宽，从膝盖以下逐渐张开，裤口的尺寸明显大于膝盖的尺寸，形成喇叭状。在结构设计方面，是在西裤的基础上，上裆稍短，臀围放松量适当减小，使臀部及中裆（膝盖附近）部位合身合体，从膝盖下根据需要放大裤口。按裤口放大的程度，喇叭裤可分为大喇叭裤和小喇叭裤及微型喇叭裤。喇叭裤的长度多为覆盖鞋面的长度。小喇叭的裤口比中裆略大，约为50cm左右。大喇叭的裤口，有的竟在60cm以上。

4.马裤

马裤（菱形）的裤裆及大腿部位非常宽松，其裤裆及大腿部位非常宽松，而在膝下及裤腿处逐步收紧以适合裤腿穿进靴子。现代的马裤已经很少有这种非常宽松的设计。马裤有半皮和全皮之分，半皮是指马裤的膝盖及小腿内侧有补丁，全皮是指臀部和膝盖处都有皮料加厚，形成一种特殊的轮廓外形。

二、裤子与人体结构关系

1.裤子制图所需测量的部位与方法，见表5-2、图5-9。

表 5-2 裤子制图所需测量的部位与方法对照表

人体部位		测量方法	结构图对应部位
围度	腰围	腰部最细处水平围绕一周的长度	腰围
	臀围	臀部最丰满处水平围绕一周的长度	臀围
	大腿根围	裆部以下2～2.5cm水平围绕一周的长度	横裆
	膝围	髌骨处水平围绕一周的长度	膝围（中裆）
	脚踝围	脚踝骨处水平围绕一周的长度	裤口（脚围）
长度	股上长	如图5-10所示，坐在凳子上，腰围线至凳面的垂直距离（含$\frac{1}{2}$腰头）	上裆（上裆深）
	股下长	裆底至脚踝骨的纵向距离	下裆（侧缝长）
	腰高	腰围线至脚踝骨的纵向距离	裤长
	前裆弧长	腰围线前中端点至裆底的弧线长度	前裆弧长（前浪弧长）
	后裆弧长	腰围线后中端点至裆底的弧线长度	后裆弧长（后浪弧长）

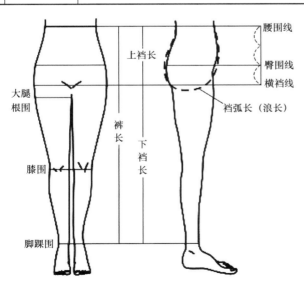

图 5-9 裤子制图所需测量的部位与方法

图 5-10 测量股上长

2.下体体表功能分布（图5-11）。

腰围至臀围为贴合区，由于裤子的腰省或腰裥而形成贴合区。臀围至人体大腿根围为作用区，是考虑到裤子运动功能中心部位。大腿根围至大腿根围向下2~8cm为自由区，是人体下肢运动所需量的调整空间，也是裤子裆部结构的自由设计空间。下肢为裤管造型设计区域。

3.运动量与裆缝线的关系（图5-12）。

人在正常行走时，两腿呈35°，即两腿间距在55~65cm之间。为了使裤子穿着舒适、没有压迫感且不会勾裆，通常裤子裆缝线要比人体的裆缝线长3~10cm为最佳值。裤子横裆线通常在人体横裆线向下2~8cm。

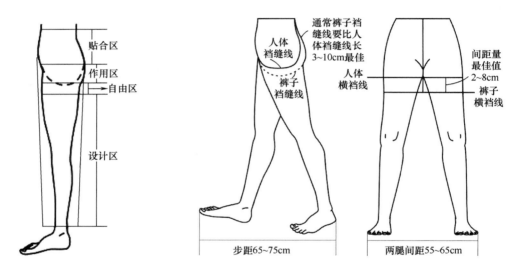

图5-11　人体下体体表功能分布图　　　　图5-12　运动量与上裆深、裆缝线的关系

4.裤子前片与人体部位对应关系（图5-13）。

5.裤子后片与人体部位对应关系（图5-14）。

6.裤裆与人体关系（图5-15）。

裤裆由裆深、裆宽、裆缝弧线构成，吻合于人体腰围以下人体中心纵剖面。裤裆与人体臀沟要保持一定的间隙量以满足人体的运动需求。

7.后中斜线困势与人体的关系（图5-16）。

在设计裤子后裆斜线、后中起翘量等部位设计要考虑人体臀部及其周围肌肉所构成的外形状态。其中裤子的后中裆斜线取决于臀凸量的大小，臀凸量越大，后裆斜线困势和后中起翘量越大。裤子的后中斜线困势设计、人体腰臀部正中断面和臀沟线状态是对裤子后裆斜线和后裆弧线的形状有参考或制约作用。

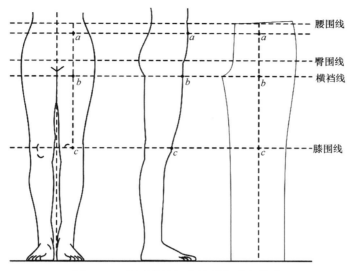

图 5-13 裤子前片与人体部位对应关系

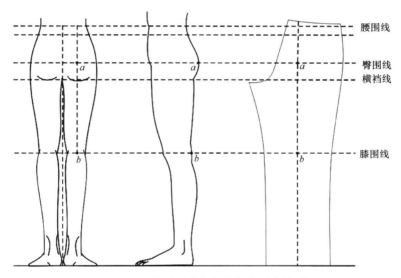

图 5-14 裤子后片与人体部位对应关系

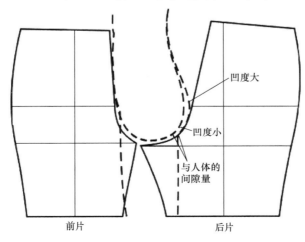

图 5-15 裤裆与人体关系示意图

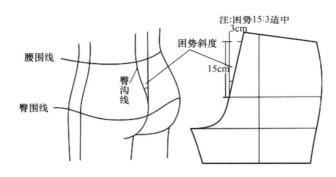

图 5-16　后中斜线困势示意图

三、裤子构成原理与廓型变化规律

裤子构成要符合人体下肢运动需要（图5-17）。如图5-18所示，通过观察分析上述4种不同廓型裤子的纸样设计方法，可以得出裤子廓型结构变化的基本规律。

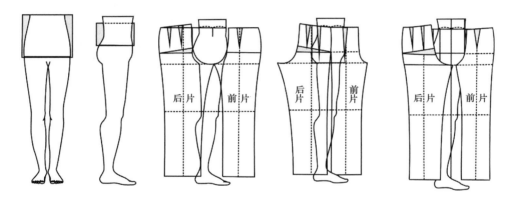

图 5-17　裤子构成关系图

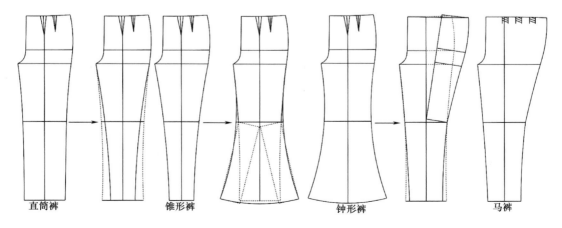

图 5-18　裤子廓型变化关系

第三节 牛仔裤

一、牛仔裤款式效果图（图5-19）

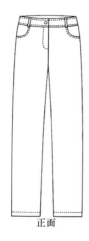 

正面　　　　　　　背面

图5-19 牛仔裤款式效果图

二、牛仔裤规格尺寸表（表5-3）

表5-3 牛仔裤规格尺寸表　　　　　　　单位：cm

号型 部位	S 155/64A	M（基础板） 160/68A	L 165/72A	XL 170/76A	档差
裤长	97	100	103	106	3
腰围	66	70	74	78	4
臀围	88	92	96	100	4
上裆(不含腰)	22.5	23	23.5	24	0.5
前裆弧长(不含腰)	24.3	25	25.7	26.4	0.7
后裆弧长(不含腰)	33	33.8	34.6	35.4	0.8
横裆宽	57.5	56	62.5	65	2.5
膝围	40	42	44	46	2
裤口	39	41	43	45	2

三、牛仔裤制板步骤

1.前片结构基础线（图5-20）。

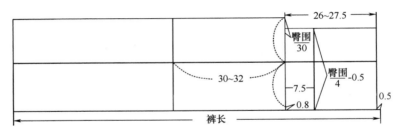

图 5-20　前片结构基础线

2.牛仔裤结构图（图5-21）。

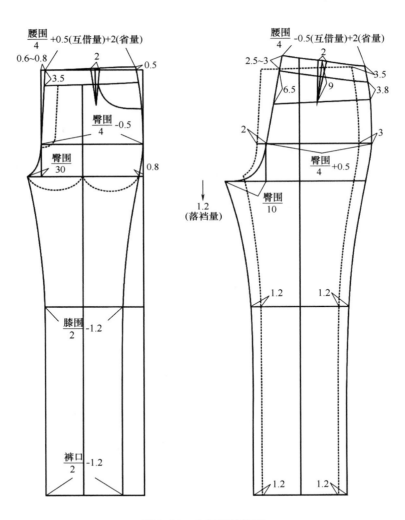

图 5-21　牛仔裤结构图

四、样板处理

1.如图5-22所示，做好门襟、里襟、袋贴、袋布。

2.如图5-23所示，做好后腰头、后育克、后贴袋。

3.如图5-24所示，做好前左腰头、前右腰头。

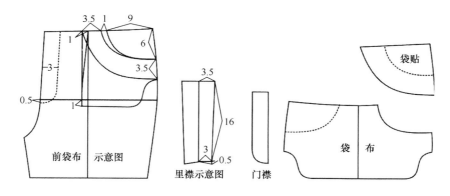

图 5-22　门襟、里襟、袋贴、袋布

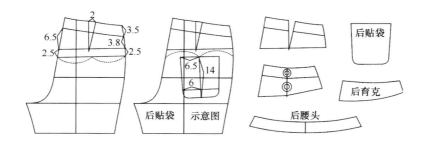

图 5-23　后腰头、后育克、后贴袋

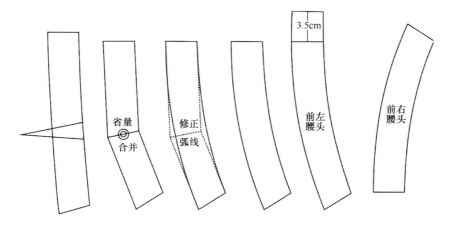

图 5-24　前左腰头、前右腰头

4.如图5-25所示，将剪口和刀眼标好。

5.前片和后片裤口线缝份量4cm，后贴袋上口缝份3cm；串带不用加缝份量，其他部分缝份量统一为1cm（图5-26、图5-27）。

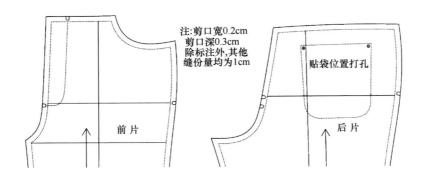

图 5-25　剪口和刀眼示意图

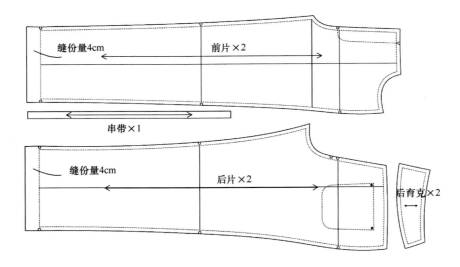

图 5-26　牛仔裤样板 1

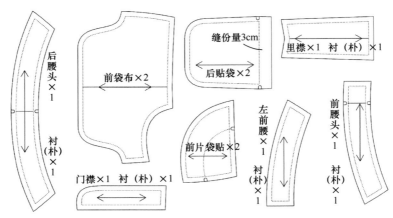

图 5-27　牛仔裤样板 2

第四节 喇叭裤

一、喇叭裤款式效果图（图5-28）

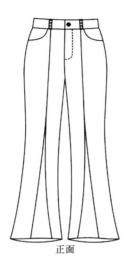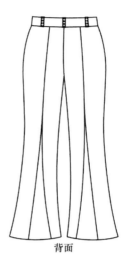

正面　　　　　　　　　　　　背面

图5-28　喇叭裤款式效果图

二、喇叭裤规格尺寸表（表5-4）

表5-4　喇叭裤规格尺寸表　　　　　　　　　　单位：cm

号型 部位	S 155/64A	M(基础板) 160/68A	L 165/72A	XL 170/76A	档差
裤长	97	100	103	104	1.2
腰围	64	68	72	76	4
臀围	88	92	96	100	4
前裆(不含腰)	27.5	28.4	29.3	30.2	0.9
后裆(不含腰)	36.4	37.4	38.4	39.4	1
横裆宽	54	56.5	59	61.5	2.5
膝围	42	44	46	48	2
裤口	39	41	43	45	2

三、喇叭裤制板步骤

1.如图5-29所示，画好喇叭裤结构图。

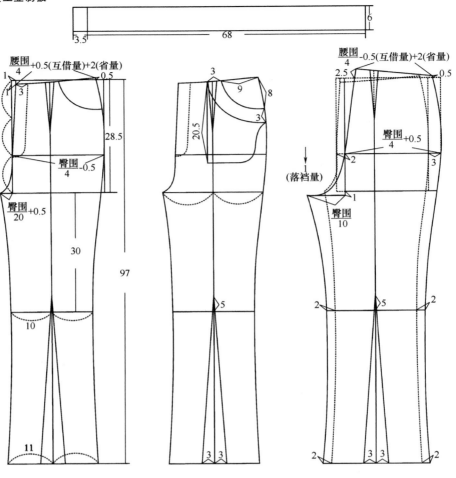

图 5-29　喇叭裤结构图

2.如图5-30所示，将串带位置确定好。

3.前侧片、前中片、后侧片、后中片、插片裤口线缝份量4cm，串带不用加缝份量。其他部位缝份线统一为1cm（图5-31、图5-32）。

前	中	右	侧	后	中	左	侧		
	—7.5—		—5—				—5—		—7.5—

图 5-30　串带位置示意图

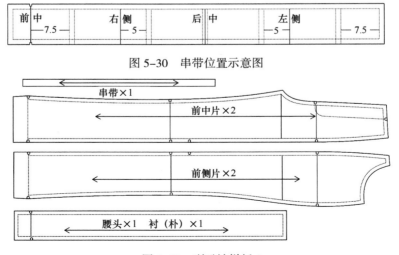

图 5-31　喇叭裤样板 1

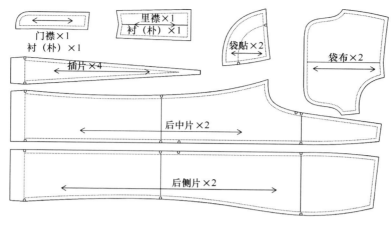

图 5-32 喇叭裤样板 2

第五节 无侧缝裤

一、无侧缝裤款式效果图（图 5-33）

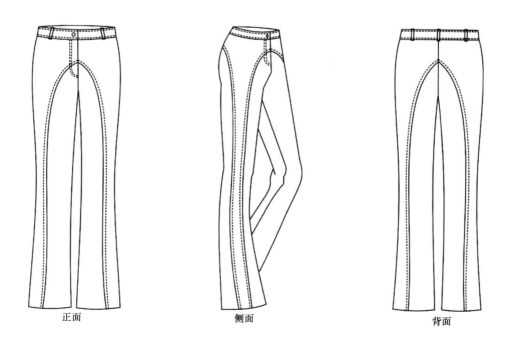

正面　　　　　　　　侧面　　　　　　　　背面

图 5-33 无侧缝裤款式效果图

二、无侧缝裤规格尺寸表（表5-5）

表5-5　无侧缝裤规格尺寸表

单位：cm

号型 部位	S 155/80A	M(基础板) 160/84A	L 165/88A	XL 170/92A	档差
裤长	95.5	98	100.5	103	2.5
前裆(含腰)	25.1	25.8	26.5	27.2	0.7
后裆(含腰)	35.2	36	36.8	37.6	0.8
腰围	66	70	74	78	4
臀围(坐围)	88	92	96	100	4
横裆(脾围)	53.5	56	58.5	61	2.5
膝围	40	42	44	46	2
裤口	44	46	48	50	2

三、无侧缝裤制板

1.如图5-34所示，画好无侧缝裤结构基础线。

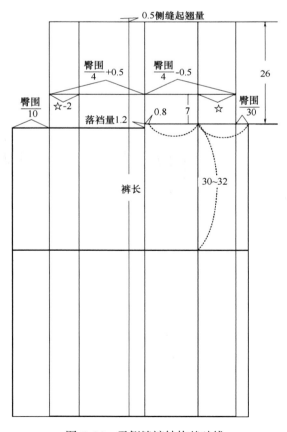

图5-34　无侧缝裤结构基础线

2.如图5-35、图5-36所示，画好无侧缝裤结构图。

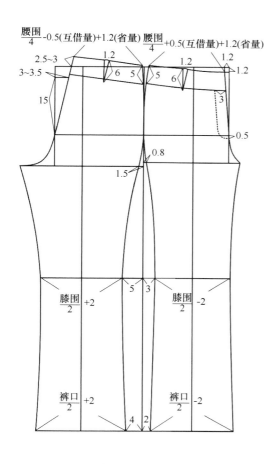

图 5-35　无侧缝裤结构图 1

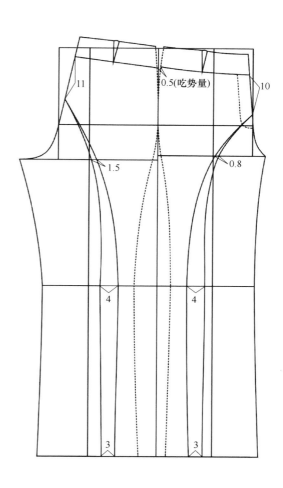

图 5-36　无侧缝裤结构图 2

四、样板处理

1.如图5-37所示，将前左腰头、前右腰头、后腰头样板处理好。

2.前片、后片、侧片裤口线缝份量4cm，其他部位缝份量统一为1cm（图5-38、图5-39）。

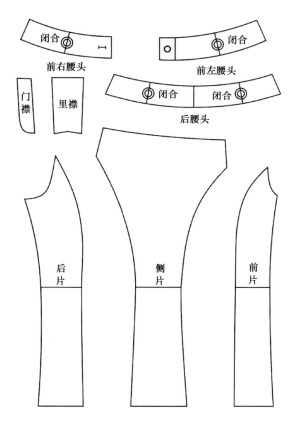

图 5-37　样板处理

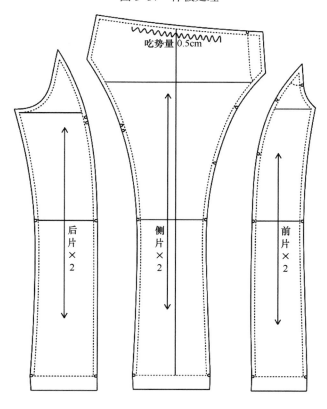

图 5-38　无侧缝裤样板 1

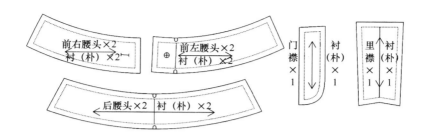

图 5-39 无侧缝裤样板 2

第六节 短裤

一、短裤款式效果图（图 5-40）

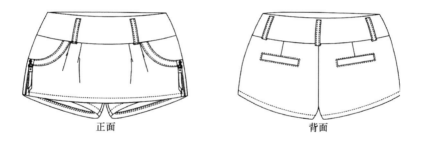

正面　　　　　　　　　　　背面

图 5-40 短裤款式效果图

二、短裤规格尺寸表（表 5-6）

表 5-6 短裤规格尺寸表　　　　　　　　　　　　　单位：cm

号型 部位	S 155/80A	M(基础板) 160/84A	L 165/88A	XL 170/92A	档差
裤长（侧缝）	25	26	27	28	1
腰围	68	72	76	80	4
臀围(坐围)	88	92	96	100	4
前裆(含腰)	23.5	24.5	25.5	26.5	1
后裆(含腰)	32.6	33.6	34.6	35.6	1
裤口	49	51	53	55	2

三、短裤制板步骤

1.如图5-41所示，画好前片结构图。

2.如图5-42所示，画好后片结构图。

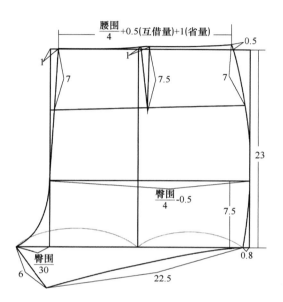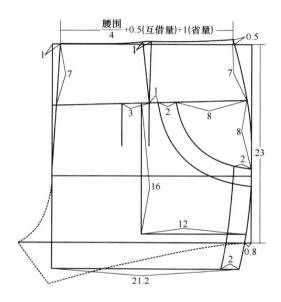

图 5-41　前片结构图

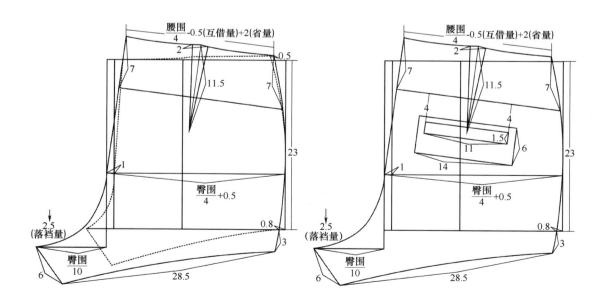

图 5-42　后片结构图

四、样板处理

1.如图5-43所示，将前装饰片加褶处理。

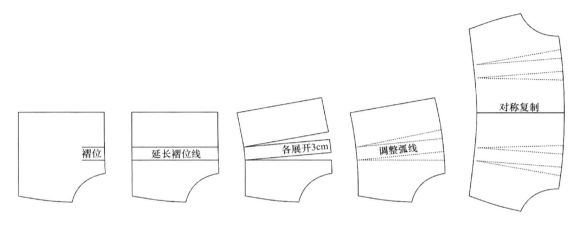

图 5-43　前装饰片处理

2.如图5-44所示，将前腰省进行合并处理。

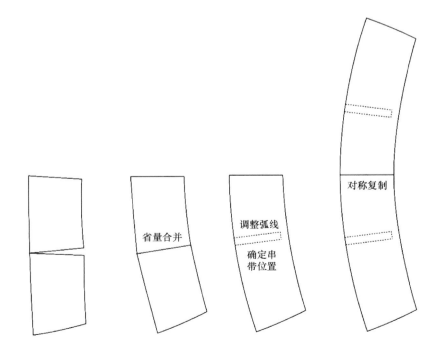

图 5-44　前片腰头处理

3.如图5-45所示，将后腰省进行合并处理。

4.前片、后片、前装饰片裤口线缝份量4cm，串带不用加缝份量。其他部位缝份量统一为1cm（图5-46）。

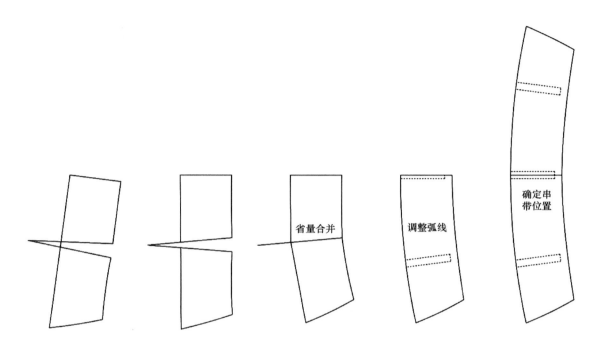

图 5-45　后片腰头处理

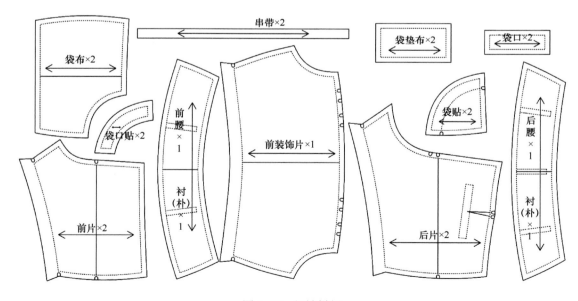

图 5-46　短裤样板

第六章　领子结构变化原理

领子在服装结构设计中占据着十分重要的位置，领子处在人体头部的下方，是上装的三大服装部件之一，它对服装的整体设计起着至关重要的作用，是人们美化仪表的显要部位。它与衣身领口的弧线相缝合，应依据颈部结构进行设计，使缝制后的服装舒适、美观。因此，配领技术是否合理、科学就显得非常重要。

第一节　无领结构设计

无领结构按照外观形态可以约略分为18大类。

1. 圆领（图6-1）

圆领沿颈根围线或平行于颈根围的领围线。

（1）沿颈根围的圆领就是原型领窝弧线。

（2）平行于颈根围领围线的圆领。将前侧颈点开宽1.5cm，后颈点下降0.6cm，前领深下降1.5cm（图6-2）。

（3）领贴取领围线平行距离3cm（图6-3）。

图6-1　圆领

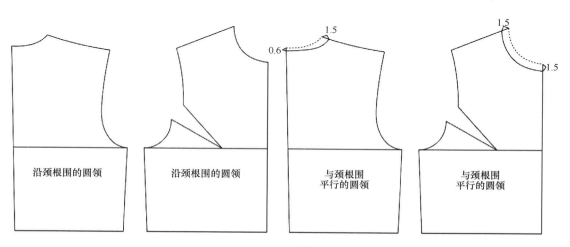

图6-2　圆领结构图

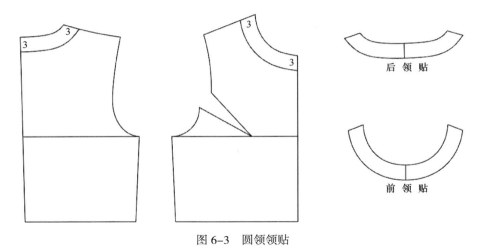

图 6-3　圆领领贴

2. 方领（图 6-4）

呈方形状的领围线。

（1）将前侧颈点开宽4cm，后颈点下降2cm，前领深下降3cm，前后横开领线偏移1cm（图6-5）。

（2）为了防止前领豁口，将前横开领收0.5cm的省。领贴取领围线平行距离3cm（图6-6）。

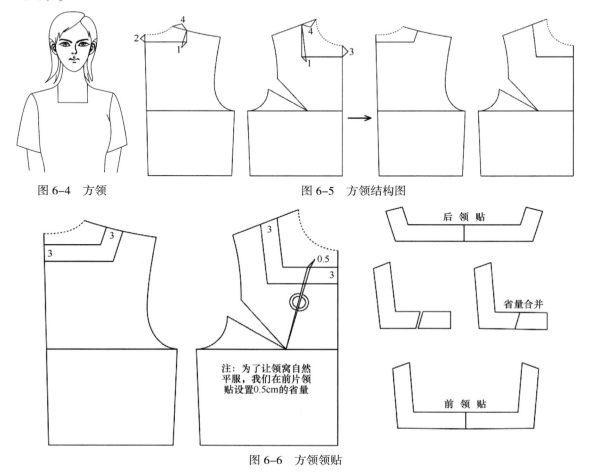

图 6-4　方领　　　　　　　　　　图 6-5　方领结构图

注：为了让领窝自然平服，我们在前片领贴设置0.5cm的省量

图 6-6　方领领贴

3. "V"字领（图 6-7）

呈"V"字形状的领围线。

（1）小"V"字领。

将前侧颈点开宽1.5cm，后颈点下降0.8cm，前领深下降8cm（图6-8）。

（2）大"V"字领。

将前侧颈点开宽3cm，后颈点下降1.5cm，前领深下降15cm（图6-8）。

（3）领贴取领围线平行距离3cm（图6-9）。

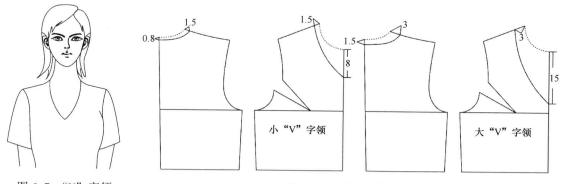

图 6-7 "V"字领　　　　　　　　　　图 6-8 "V"字领结构图

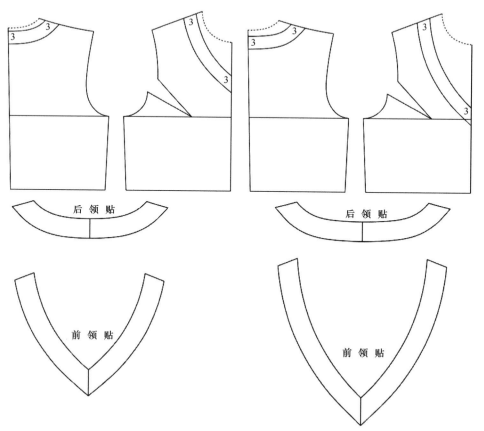

图 6-9 "V"字领领贴

4. "U" 字领（图 6-10）

呈 "U" 字形状的领围线。

（1）小 "U" 字领。

将前侧颈点开宽1.5cm，后颈点下降0.8cm，前领深下降8cm（图6-11）。

（2）大 "U" 字领。

将前侧颈点开宽3cm，后颈点下降1.5cm，前领深下降15cm（图6-11）。

（3）领贴取领围线平行距离3cm（图6-12）。

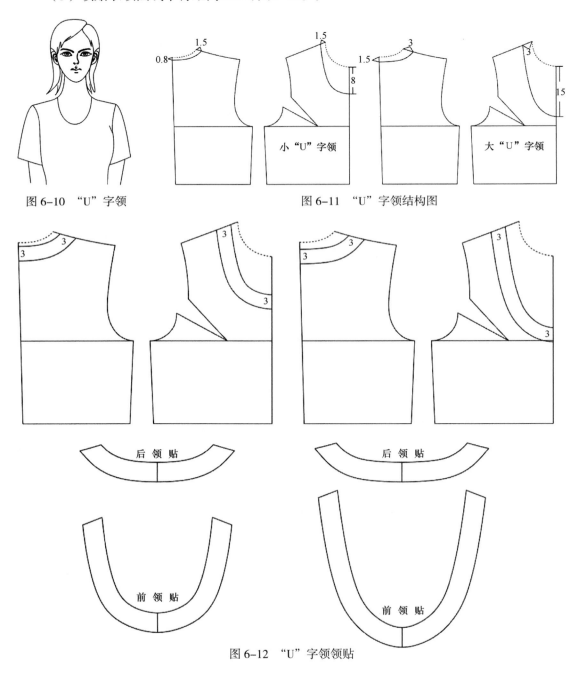

图 6-10　"U" 字领　　　　　　　　　图 6-11　"U" 字领结构图

图 6-12　"U" 字领领贴

5. 船形领（图 6-13）

横开领较宽，领围线呈小船底部形状。

（1）将前侧颈点开宽8cm，后颈点下降3cm，前领深下降1cm（图6-14）。

（2）为了防止前领豁口，将前、后横开领收0.5cm的省。领贴取领围线平行距离3cm（图6-15）。

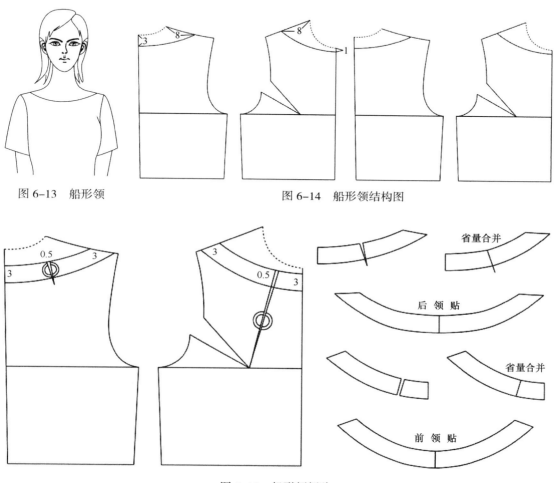

图 6-13　船形领　　　　　　　　　图 6-14　船形领结构图

图 6-15　船形领领贴

6. 一字领（图 6-16）

一字领也称水平领，横开领较宽，领围线呈水平一字形状。

（1）将前侧颈点开宽8cm，后颈点下降2cm，前领深不动（图6-17）。

（2）为了防止前领豁口，将前、后横开领收0.5cm的省。领贴取领围线平行距离3cm（图6-18）。

7. 鸡心领（图 6-19）

横开领较宽，领围线呈心形造型形状。

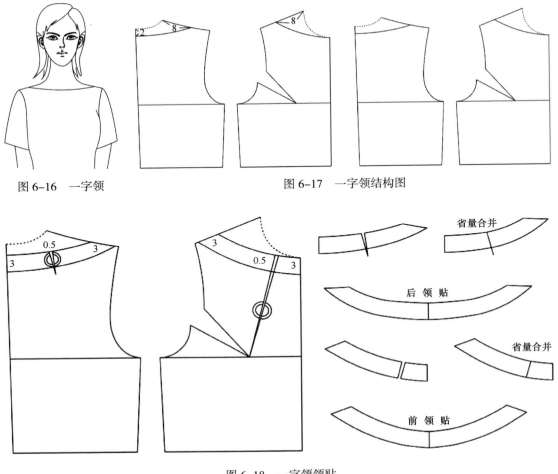

图 6-16　一字领

图 6-17　一字领结构图

省量合并

后　领　贴

省量合并

前　领　贴

图 6-18　一字领领贴

（1）将前侧颈点开宽8cm，后颈点下降3cm，前领深下降12cm（图6-20）。

（2）如图6-21所示，做好鸡心领领贴。

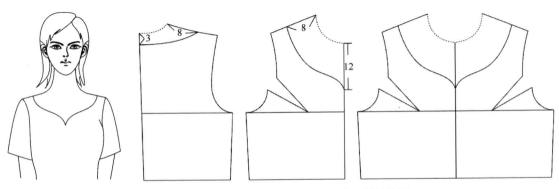

图 6-19　鸡心领

图 6-20　鸡心领结构图

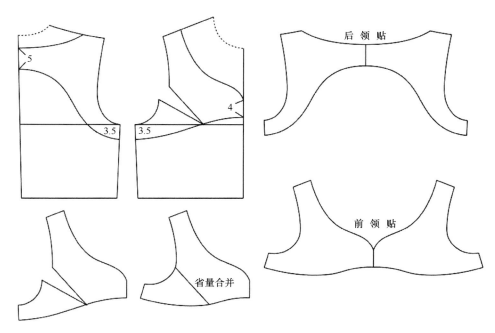

图 6-21　鸡心领领贴

8. 不对称领（图 6-22）

领围线左右呈不对称形状。

（1）如图6-23所示，画好不对称领结构图。

（2）如图6-24所示，做好不对称领领贴。

9. 钻石领（图 6-25）

钻石领也称为菱形领，领围线呈菱形造型形状。

（1）如图6-26所示，画好钻石领结构图。

（2）如图6-27所示，做好钻石领领领贴。

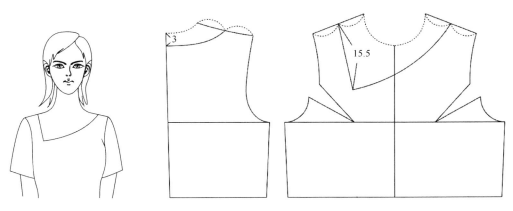

图 6-22　不对称领　　　　　图 6-23　不对称领结构图

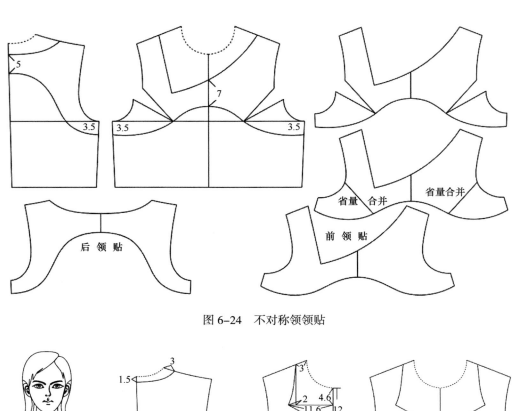

图 6-24　不对称领领贴

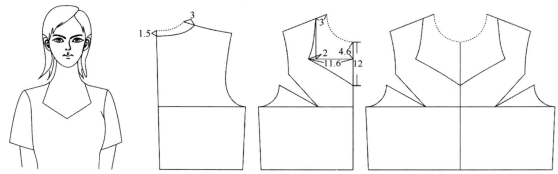

图 6-25　钻石领　　　　图 6-26　钻石领结构图

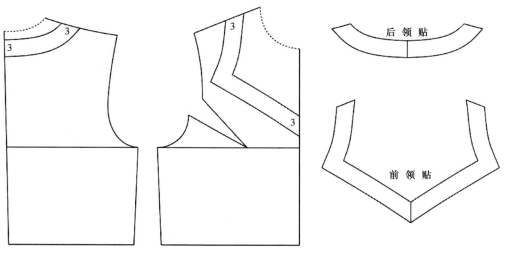

图 6-27　钻石领领贴

10. **荷叶边领**（图 6-28）

领围线呈荷叶边形状。

（1）如图6-29所示，画好荷叶边领结构图。

（2）如图6-30所示，做好荷叶边领领贴。

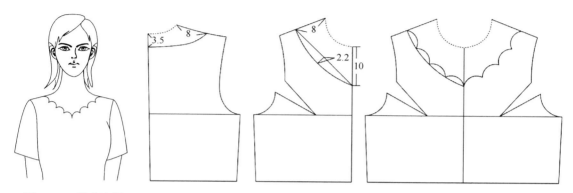

图 6-28　荷叶边领　　　　　　　　　　图 6-29　荷叶边领结构图

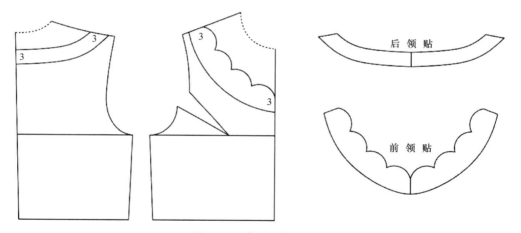

图 6-30　荷叶边领领贴

11. **芭蕾领**（图 6-31）

横开领较宽，直开领较深。很容易让人联想起芭蕾演员的服装，因此而得名。

（1）将前侧颈点开宽11cm，后颈点下降4.5cm，前领深下降12cm（图6-32）。

（2）如图6-33所示，做好芭蕾领领贴。

12. **锥形领**（图 6-34）

在圆形领围线的前中切入"V"字形切口形成的领围线。

（1）如图6-35所示，画好锥形领结构图。

（2）如图6-36所示，做好锥形领领贴。

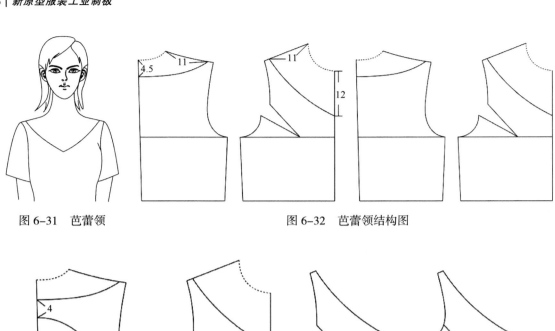

图 6-31 芭蕾领

图 6-32 芭蕾领结构图

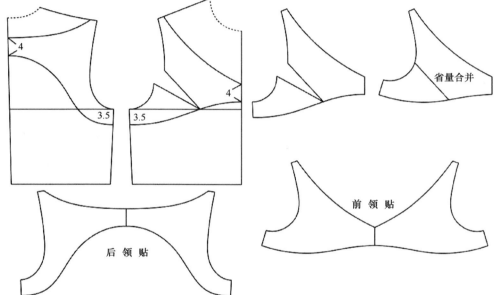

省量合并

前 领 贴

后 领 贴

图 6-33 芭蕾领领贴

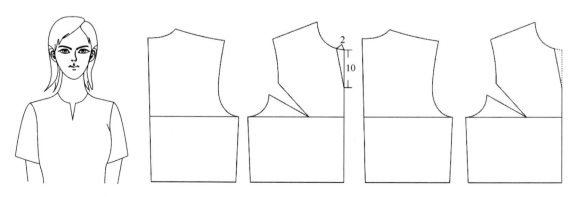

图 6-34 锥形领

图 6-35 锥形领结构图

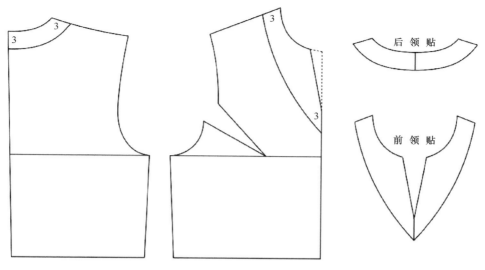

图 6-36　锥形领领贴

13. 露肩领（图 6-37）

露肩领也称披肩领或围肩领。领围线至肩点以下，常用于礼服款式。

如图6-38所示，画好露肩领结构图和领贴。

14. 星角领（图 6-39）

领围线呈星角形状。

（1）如图6-40所示，画好星角领结构图。

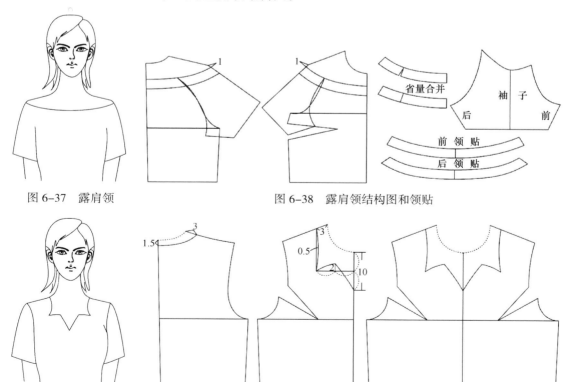

图 6-37　露肩领

图 6-38　露肩领结构图和领贴

图 6-39　星角领

图 6-40　星角领结构图

（2）如图6-41所示，做好星角领领贴。

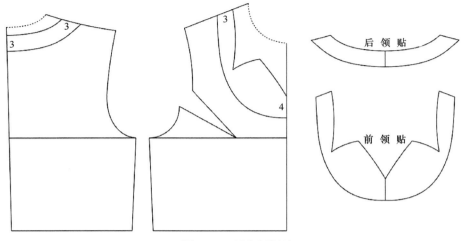

图 6-41　星角领领贴

15.无肩带胸衣领型（图6-42）

无肩带胸衣领型也称为文胸领，是指肩部裸露在外的无领。

（1）如图6-43所示，画好无肩带胸衣领型结构图。

（2）如图6-44所示，做好无肩带胸衣领型领贴。

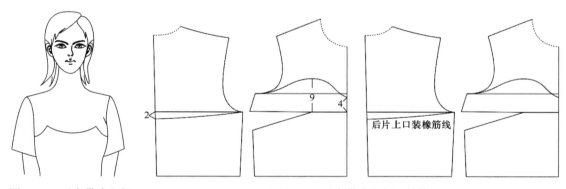

图 6-42　无肩带胸衣领　　　　　图 6-43　无肩带胸衣领型结构图

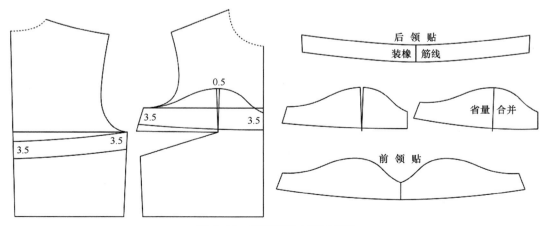

图 6-44　无肩带胸衣领型领贴

16. **单肩斜领**（图 6-45）

领围线由一边的肩斜线开至另一边侧缝线。

（1）如图6-46所示，画好单肩斜领结构图。

（2）如图6-47所示，做好单肩斜领领贴。

图 6-45　单肩斜领

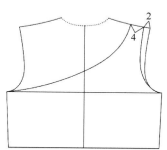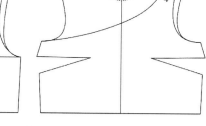

图 6-46　单肩斜领结构图

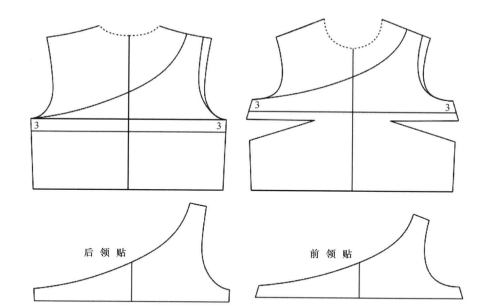

图 6-47　单肩斜领领贴

17. **肩带领**（图 6-48）

肩带领是指肩部裸露在外，领口装有肩带的领型。

（1）如图6-49所示，画好肩带领结构图。

（2）如图6-50所示，做好肩带领领贴。

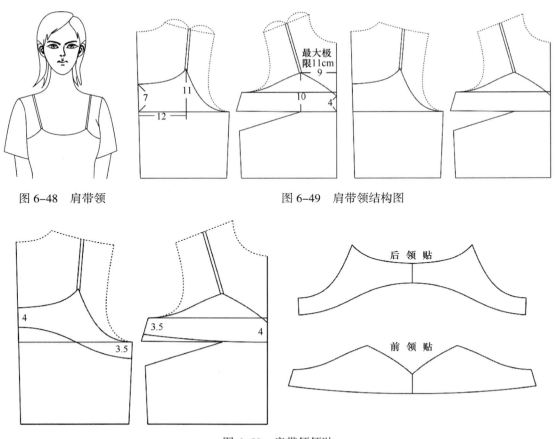

图 6-48 肩带领　　　　　　　图 6-49 肩带领结构图

图 6-50 肩带领领贴

18. 背带式领（图 6-51）

背带式领由前衣身连裁出的面料挂在后颈部或在后颈处扎结的领型。

（1）如图6-52所示，画好背带式领结构图。

（2）如图6-53所示，做好背带式领领贴。

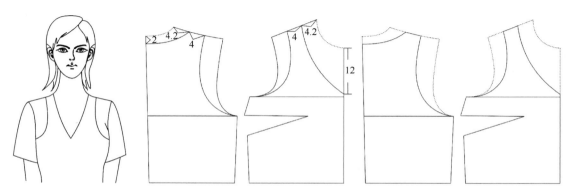

图 6-51 背带式领　　　　　　　图 6-52 背带式领结构图

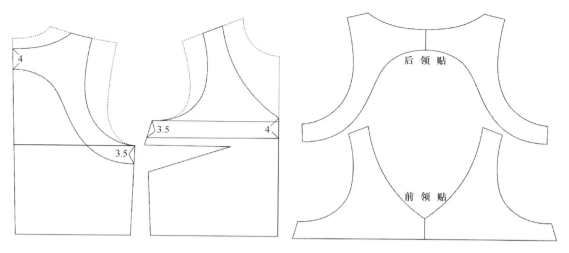

图 6-53 背带式领领贴

第二节 平领结构设计

平领也称为扁领、袒领、趴领等，领片自然服贴在肩、背、胸部，一般没有领座或领片自带领座（注：领片自带有0.6～1.5cm立领领座）。当翻领的翘势大到一定的量，几乎平贴于肩上，领座量就会变得越来越小，这时领型已经变成平领了。随平领外口线型的变化，可以产生小坦领、海军领、波浪平领、开口平领等。

1. 水兵领 （图 6-54）

如图6-55所示，水兵领前后肩缝线重叠2cm进行领型设计。

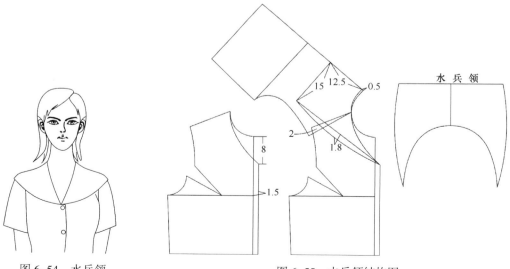

图 6-54 水兵领　　　　　　　　　　　图 6-55 水兵领结构图

2. 平袒领（图 6-56）

如图6-57所示，平袒领前后肩缝线重叠4cm进行领型设计。

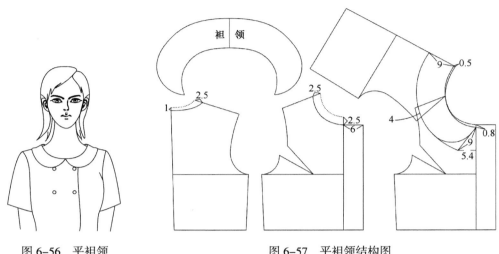

图 6-56　平袒领　　　　　　　　　图 6-57　平袒领结构图

3. 娃娃领（图 6-58）

如图6-59所示，娃娃领前后肩缝线重叠4cm进行领型设计。

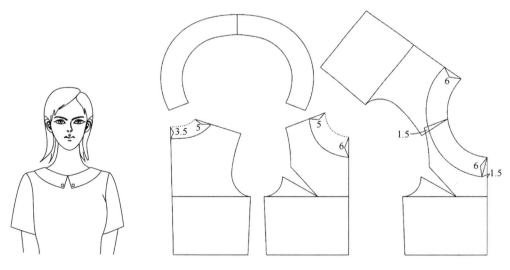

图 6-58　娃娃领　　　　　　　　　图 6-59　娃娃领结构图

第三节　立领结构设计

立领按照外观形态可以分以下5大类。

1. 合体型立领（图 6-60）

合体型立领指领子紧贴颈部的领型，领型吻合于人体颈脖形状。结构图如图6-61所示。

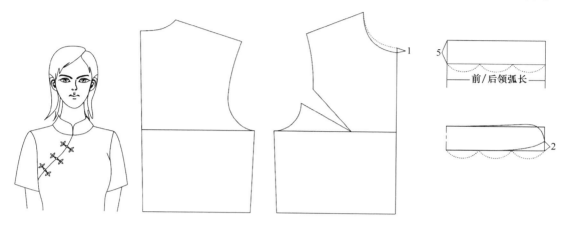

图 6-60　合体型立领

图 6-61　合体型立领结构图

2. 直筒型立领（图 6-62）

直筒型立领也称为烟囱形立领和"H"形立领，指领子向上竖起呈现直筒形状的领型。结构图如图6-63所示。

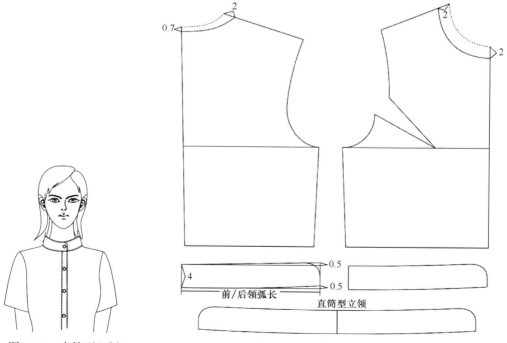

图 6-62　直筒型立领

图 6-63　直筒型立领结构图

3. 喇叭型立领（图 6-64）

喇叭型立领是指外口呈扇形的领型。结构图如图6-65所示。

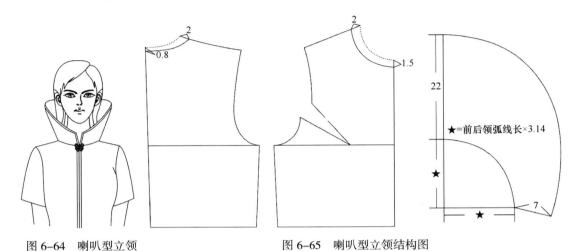

图 6-64　喇叭型立领　　　　　　　　图 6-65　喇叭型立领结构图

4. 立驳领（图 6-66）

立驳领是指由立领领座和驳头组成的领型。结构图如图6-67所示。

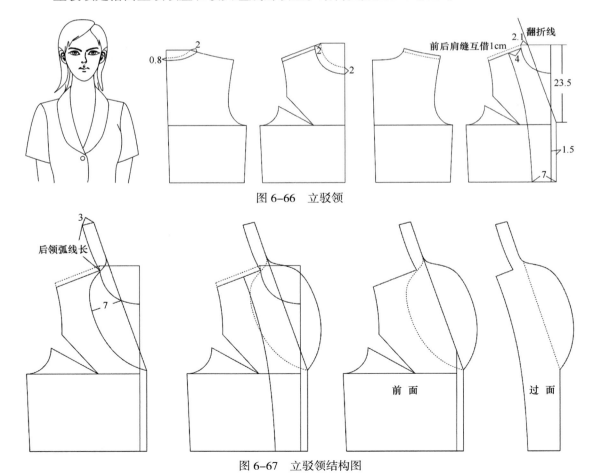

图 6-66　立驳领

图 6-67　立驳领结构图

5. 连身立领（图 6-68）

连身立领是指立领与衣身相连的领型。结构图如图6-69所示。

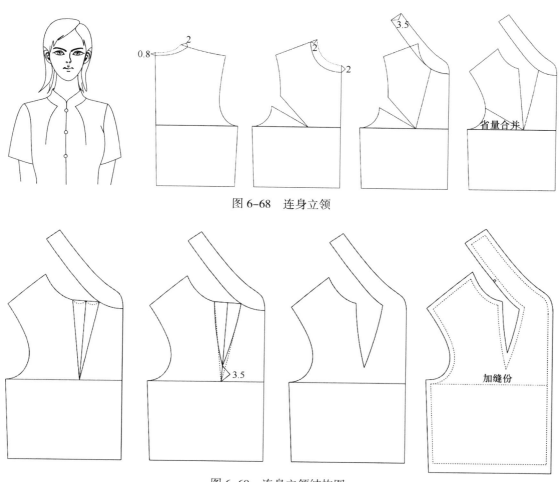

图 6-68　连身立领

图 6-69　连身立领结构图

第四节　翻领结构设计

翻领按照外观形态可以分以下3大类。

1. 分体式翻领（图 6-70）

分体式翻领是指领座和翻领分开的领型。结构图如图6-71所示。

2. 连体式翻领（图 6-72）

连体式翻领是指领座和翻领连为一体的领型。结构图如图6-72所示。

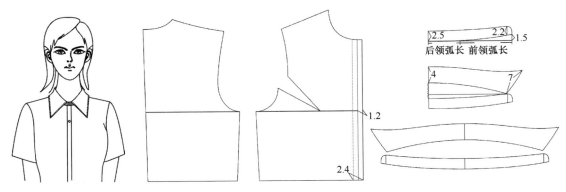

图 6-70　分体式翻领　　　　　　　图 6-71　分体式翻领结构图

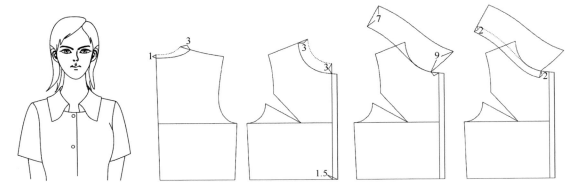

图 6-72　连体式翻领及结构图

3. 翻驳领（图 6-73）

翻驳领是指有翻领和驳头组成的领型。结构图如图6-74所示。

图 6-73　翻驳领

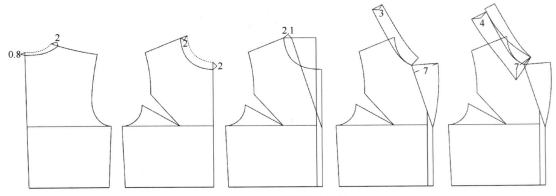

图 6-74　翻驳领结构图

第五节 驳领结构设计

驳领按照外观形态可以分以下6大类。

1. 平驳领（图6-75）

平驳领是指上领片的夹角成三角形缺口的方角驳领。驳领形状为菱形，也称为西服领。结构图如图6-76所示。

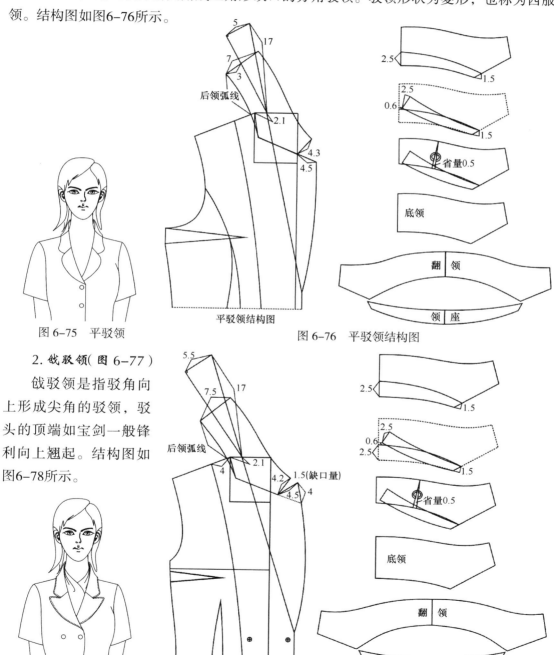

图 6-75 平驳领

平驳领结构图

图 6-76 平驳领结构图

2. 戗驳领（图6-77）

戗驳领是指驳角向上形成尖角的驳领，驳头的顶端如宝剑一般锋利向上翘起。结构图如图6-78所示。

图 6-77 戗驳领

戗驳领结构图

图 6-78 戗驳领结构图

3. 青果领（图6-79）

青果领是指驳头与领面相连的领型，领面形似青果形状而得名。结构图如图6-80所示。

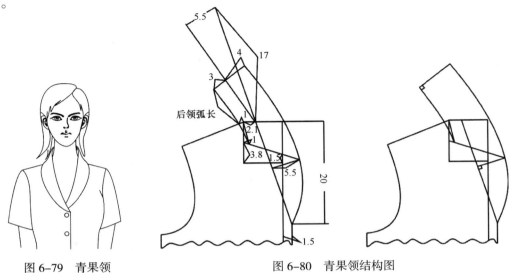

图 6-79　青果领　　　　　　　　图 6-80　青果领结构图

4. 弯驳领（图6-81）

弯驳领是指领型内口弯曲的驳领。结构图如图6-82所示。

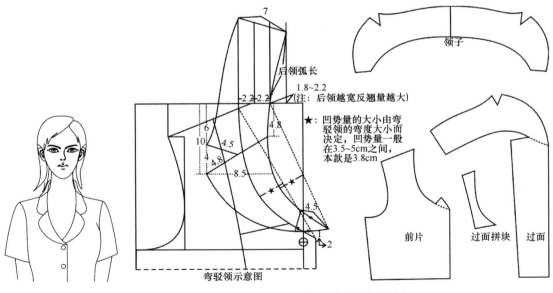

图 6-81　弯驳领　　　　　　　　图 6-82　弯驳领结构图

5. 连体驳领（图6-83）

连体驳领是指翻领和驳头与衣身相连的领型。结构图如图6-84所示。

6. 叠驳领（图6-85）

叠驳领是指翻领和驳头交叠的驳领。结构图如图6-86所示。

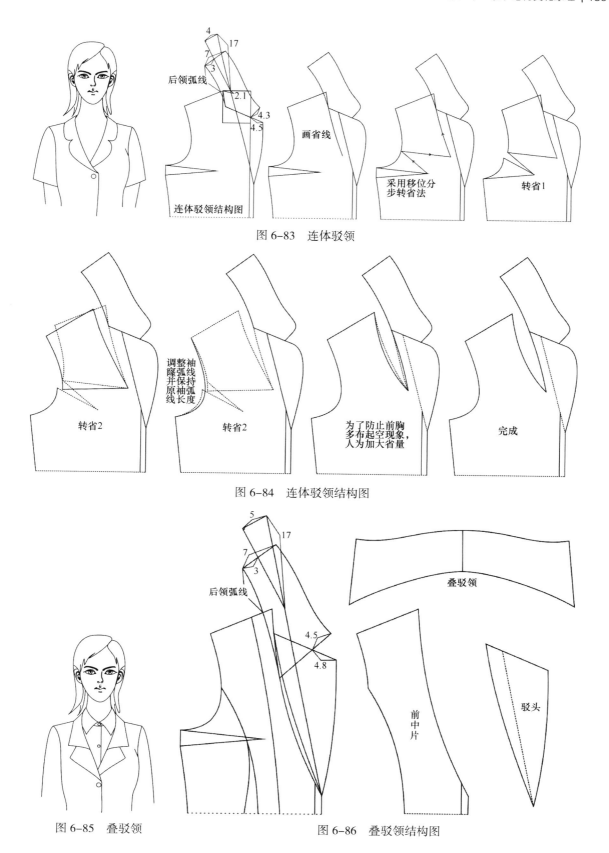

图 6-83 连体驳领

图 6-84 连体驳领结构图

图 6-85 叠驳领

图 6-86 叠驳领结构图

第六节　特殊领结构设计

特殊领按照外观形态可以分以下几类。

1. 垂褶领（图 6-87）

垂褶领又称为悬垂领，衣领与衣身相连，领面自然下垂呈波浪状的领型。结构图如图 6-88 所示。

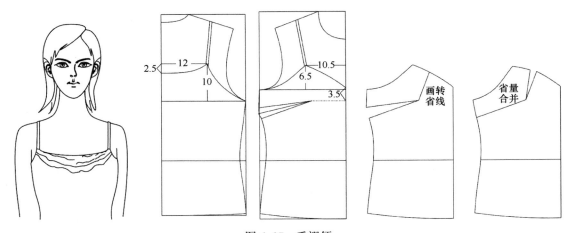

图 6-87　垂褶领

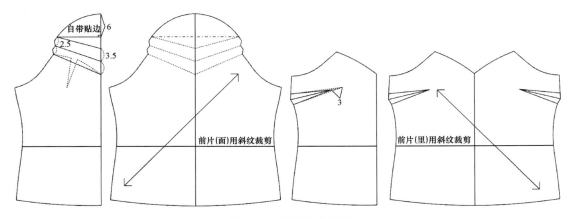

图 6-88　垂褶领结构图

2. 飘带领（图 6-89）

飘带领是指在平领或立领基础上，设计有飘带的领型。结构图如图 6-90 所示。

3. 帽领（图 6-91）

帽领也称连帽领或连身帽，是指帽子与衣片领窝组成的领型，即可作为装饰用，也可以用挡风保暖。结构图如图 6-92 所示。

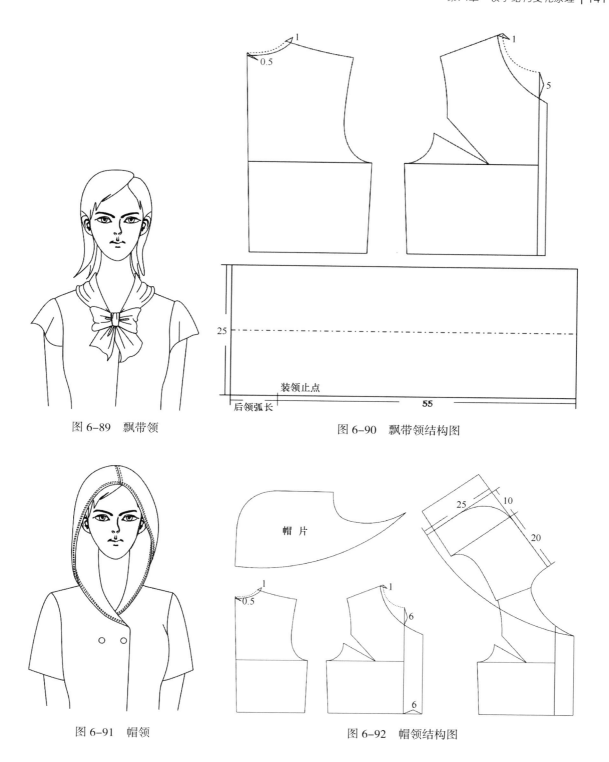

图 6-89　飘带领

图 6-90　飘带领结构图

图 6-91　帽领

图 6-92　帽领结构图

4. 波浪领（图 6-93）

波浪领是指衣领抽缩或弯曲形成波浪褶的领型。结构图如图6-94所示。

图 6-93　波浪领

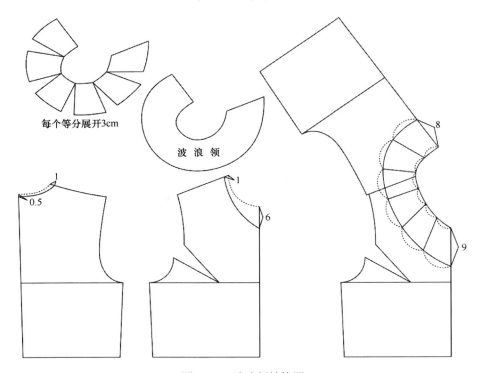

图 6-94　波浪领结构图

图 6-95　特殊造型的领子

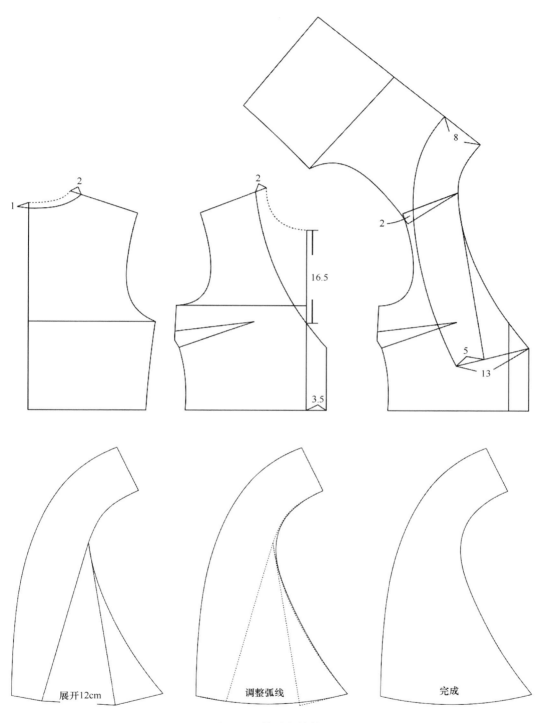

图 6-96 特殊领结构图

第七章　袖子结构变化原理

　　袖子结构变化复杂，款式多样，是服装重要组成部分。袖子与衣身因绱袖位置的变化，形成不同款式及风格。袖子与衣身配合，因衣身夹角、袖窿形状不同会形成不同功能作用的袖型。袖子结构并不是独立的，必须同衣身袖窿的结构变化相结，再进行袖子的结构确定，袖窿的形状、窿距、周长，最终决定袖子的形态结构。一个袖窿匹配一个袖子，最终制作出结构合理、舒适美观、适合服装款式风格的袖子。下面针对袖窿、袖子的形态因素、结构特点进行分析。

第一节　袖子与袖窿结构关系

一、袖子的分类（图7-1）

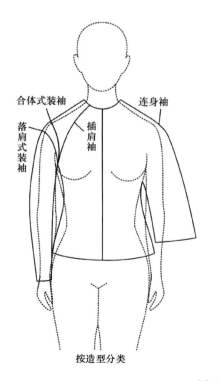

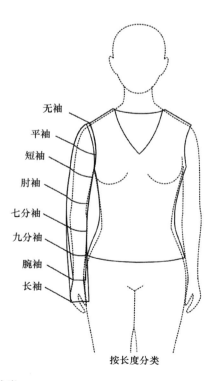

图 7-1　袖子的分类

1.按造型分类可以分为合体式装袖、落肩式装袖、插肩袖、连身袖4种。

2.按长度分类可分为无袖、平袖、短袖、肘袖、七分袖、九分袖、腕袖、长袖8种。

3.按款式造型特点可分为灯笼灯、荷叶袖、郁金香袖、泡泡袖、悬垂袖等。

二、袖窿构成特点

1.袖窿截面认识（图7-2、图7-3）

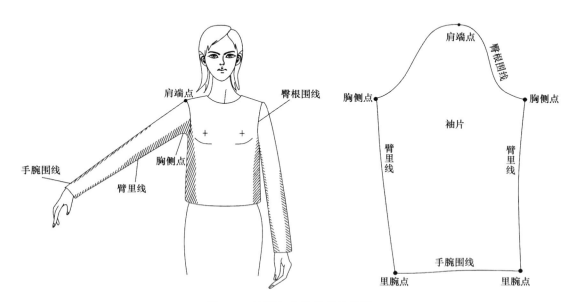

图7-2　袖子与人体关系示意图

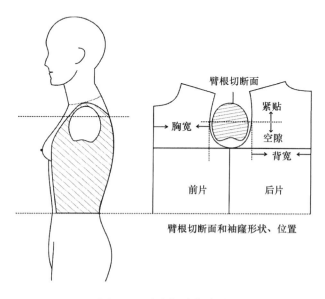

图7-3　手臂与袖窿关系

袖窿与人体臂根围相对应，人体本身无袖窿，去掉手臂就出现了纵断面，即为放松量为零的袖窿原型。断面袖窿线的构造，注意了解其曲线走势及作用，特别是贴合区对袖窿袖山的形状有很大的关系。

2.袖窿形状的变化（图7-4）

观察人体臂根纵断面，腋底曲线平缓呈斜线，根据服装款式风格设计，袖窿可以自由地造型，可呈酒杯状、前圆后方状、圆状以及各种几何状，只要求得与此相对应的袖子形状即可。衣身袖窿形状、数据及前后袖窿长度都可因服装种类不同、胸围、功能等产生变化，其中袖窿深度确定极为关键。

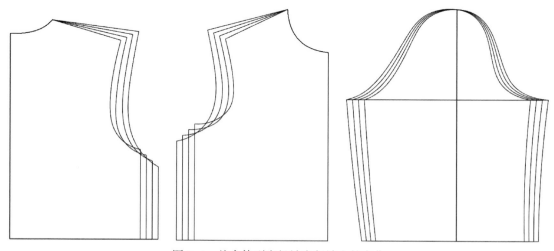

图7-4　从合体到宽松袖窿与袖山的变化

三、袖窿形态决定的因素

袖窿形态是决定袖型的主要因素，袖窿形态又受袖窿弧长条件、袖肥和袖窿穿着造型等方面的影响。

1.袖窿弧长涉及袖子穿着平衡合体，穿着舒适性，兼容性和影响袖肥大小的重要因素。正常情况的袖窿弧长比较：无袖＜连衣裙＜衬衫＜50%胸围＜外套＜风衣＜大衣。正常情况袖窿弧长占胸围的46%~52%。

2.袖肥是涉及袖窿形态，衣袖活动量和衣袖造型的关键因素。根据体型、袖型的不同袖肥一般设定为从0.13胸围至0.14胸围左右。

3.袖窿的穿着造型形态影响着袖子制图形态，是决定着袖子舒适活动性的重要因素。衣身前胸后背差值的调整，即改变袖窿穿着形态，也改变袖子的前势状态。袖窿贴合区域的形状是袖子平衡支撑点。

四、手臂结构特点

1.自然站立，从正面观察人体手臂，肘关节呈现出向内向外弯曲两种状态，向内弯曲的状态，由于肘关节过分伸展，而略贴近于束腰部位，前臂手腕部位略向外，这种状态常见于女性。向外弯曲的状态则在男性中较多见。对袖子的影响，在上肢向内向外屈(前面)的状态，就出现偏细的西装袖的袖子下垂形态的问题。也就是袖子存在的前势问题。

2.如图7-5所示，侧面观察人体手臂曲势，肩端点至肘部基本呈垂直状态，肘部以下明显向前弯曲。人体手臂的侧面体是主体面，这个方向的形状及曲势，与袖子的形状有很大的关系。

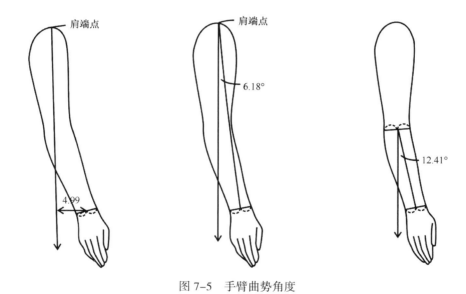

图 7-5　手臂曲势角度

五、手臂运动时，袖子夹角与袖山、袖宽关系

1.如图7-5所示，人体自然状态下手臂呈6.18°。当人体手臂抬起90°，袖山深为0，袖肥最宽，当手臂回到体侧处，袖子在腋下会产生较多余量。

2.手臂向侧方上抬45°~50°，袖山深较深，袖肥较窄，这个角度是处于美观和活动性相对两优的位置。

3.一般服装的袖子形态设置角度都小于手臂抬起90°时的状态，不同的袖子角度会形成不同的袖山深与袖宽比。袖子抬起量越小，袖山越深，袖肥越窄，反之，袖子抬起量越大，袖山越浅，袖肥越宽。

4.袖窿与袖子造型应满足运动、美观、庄重等多种需求，由于手臂是人体运动幅度最大，变化范围最广的部位。把握不同服装静态美与活动之间的最佳平衡效果，在服装结构造型中，应根据服装的功能性和装饰性合理地确定衣袖夹角，使袖子趋于活动舒适且美观。

第二节　一片袖与两片袖结构设计

　　一片袖是依据衣身原型而设计的，利用一片袖可以变化、设计出多种不同的袖型。两片袖就是最常见的一种。一片袖常用于休闲类服装，一般一片袖相对两片袖来说要宽松些。两片袖在应用中更适宜合身的服装造型，因此，两片袖在女装结构设计中更加彰显其优势。

一、一片袖

1. 日本文化式第8代原型一片袖（图7-6、图7-7）。

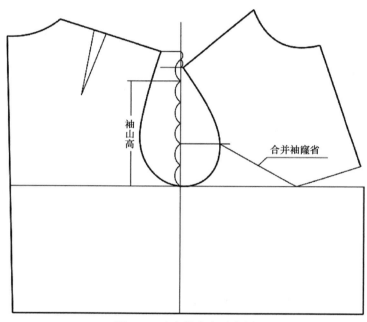

图7-6　确定袖山高示意图

2. 收肘省一片袖

（1）后袖缝收肘省（图7-8）。

如图7-9所示，在后袖缝肘围线处收1.5cm的肘省，使袖子成型更加符合人体手臂形态。

（2）后袖口收肘省(图7-10)

如图7-9所示，从后袖缝上的肘省画一条省线至袖口，然后闭合肘省，将肘省转移至袖口，再将肘省调短3cm。

3. 合体一片袖

如图7-11所示，画合体一片袖。

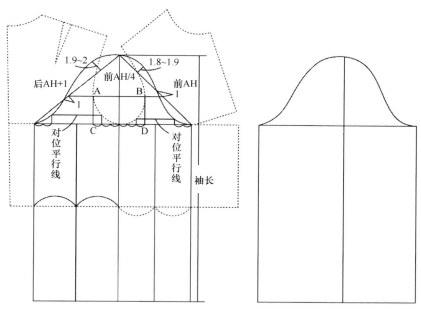

图 7-7　第 8 代原型一片袖完成图

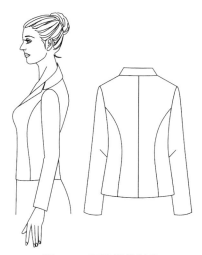

图 7-8　后袖缝收肘省

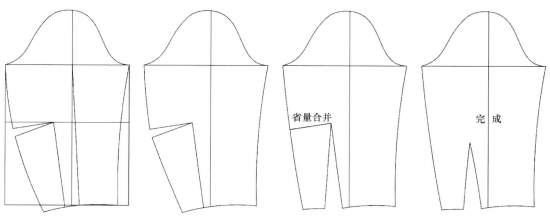

图 7-9　收肘省一片袖

图 7-10　后袖口收肘省

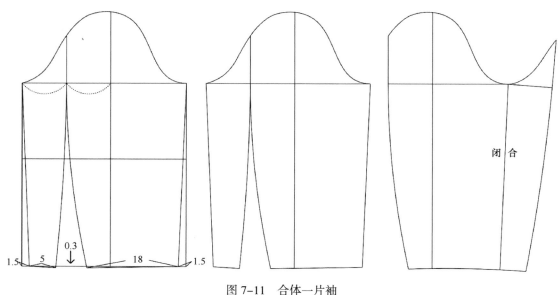

图 7-11　合体一片袖

二、两片袖（图 7-12）

1. 大袖内分解小袖法（图 7-13）

（1）在前后袖肥线上分别进行等分，并将等分点沿袖下直线的平行方向下延至袖口线，分别得到前袖折线辅助线和后折线辅助线。

（2）前袖折线与肘线交点处内收0.5cm，与袖口交点处外放0.5cm，描绘出前袖折线。

（3）在前袖折线与袖口交点处沿袖口弧线取袖口尺寸13cm定后袖折线在袖口的位置，并从该位置与后袖宽等分点连直线交肘线与后袖折线辅助线所夹小线段的1cm处作为后袖折线的肘部转折点。描绘出后袖折线。

（4）观察大小袖片划分轮廓，尤其是前后袖折线位置的确定为两片袖的大小袖片划分了界限。 也是一片袖原型转化为两片袖构成规律的因素。

（5）大小袖前袖下线的确定：在前袖折线的基础上定袖宽处外展及内收参数量为3cm，后袖折线的基础上定袖宽处外展及内收参数量为1.25cm。

图 7-12 两片袖

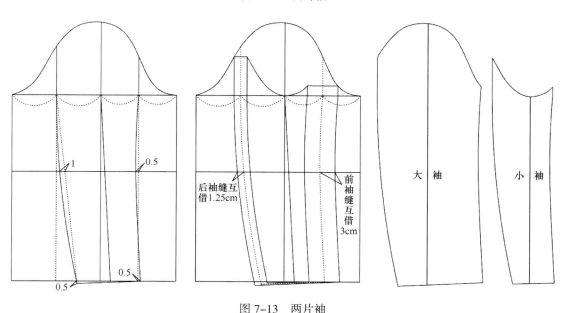

图 7-13 两片袖

2. 大袖外分解小袖法（图 7-14）

（1）将前袖肥线分3个等分，从$\frac{1}{3}$等分点沿袖下直线的平行方向下延至袖口线，分别得到前袖折线辅助线和后折线辅助线。前袖折线与肘线交点处内收0.5cm，与袖口交点处外放0.5cm，描绘出前袖折线。

图 7-14　两片袖

（2）将后袖肥线分5等分，在前袖折线与袖口交点处沿袖口弧线取袖口尺寸16.5cm定后袖折线位置与后袖肥线第3等分点相连。描绘出后袖折线。

（3）将前小袖在袖肘线处收1.2cm的省，后小袖袖口取3.7cm与后袖肥线第3等分点相连。然后将前、后小袖部分闭合。

第三节　插肩袖与连身袖结构设计

一、插肩袖

插肩袖是把部分衣身肩部衣片接到袖子上去，形成肩袖连体的一种袖子形式。其结构设计的思路是将衣袖连在衣身上，把袖子分成前、后两个部分，分别与前后衣身的袖窿相连，对位点对齐，在此基础上完成插肩袖造型。

插肩袖可以上衣原型和袖原型上进行分割演变，如图7-15、图7-16所示，沿着前、后衣片肩部进行分割设计，并将袖原型多余吃势量去掉后，即可演变成插肩袖。

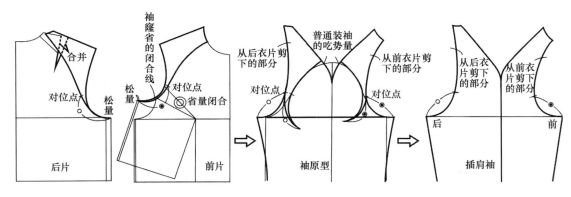

图 7-15　衣身分解插肩袖示意过程

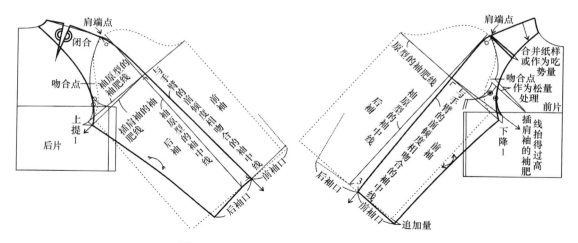

图 7-16　在上衣原型和袖原型分解插肩袖

1. 插肩袖角度

如图7-17所示，原型袖窿、插肩袖袖山高与袖中线角度之间存在显著的线性关系，可利用袖中线角度得到比较精确的袖山高可提高作图的精确性。随着袖中线角度的不断增大，袖山高是在不断增大的，袖肥是逐渐减小的，这与袖子的基本纸样中袖山与袖肥之间的变化关系是一致的，同时可看出袖山高与袖中线角度呈一定关系。如图7-18所示，插肩袖角度越大袖子越趋于合体，反之，插肩袖角度越小袖子越趋于宽松。

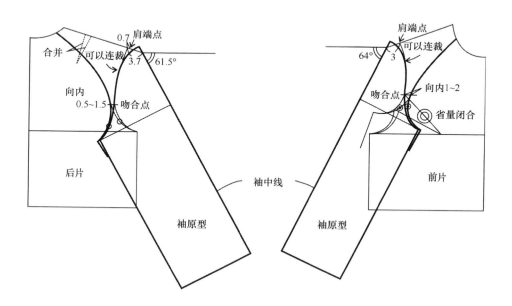

图 7-17　在上衣原型和袖原型上调整插肩袖角度

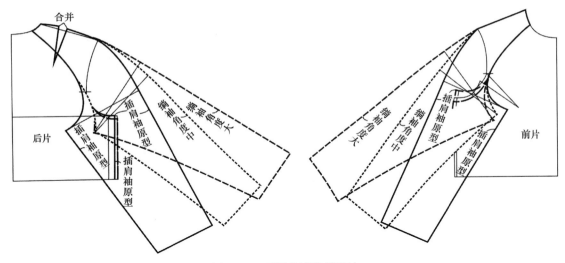

图 7-18　不同角度的插肩袖

2. 插肩袖绘制

如图7-19所示，将袖原型分别与前后衣身肩端点重合后，开始绘制插肩袖，前片吻合点处松量1~2cm，后片吻合点处松量0.5~1.5cm。如图7-20所示，后片合并肩省并修顺肩缝线，前片肩缝处剪开0.3~0.4cm。

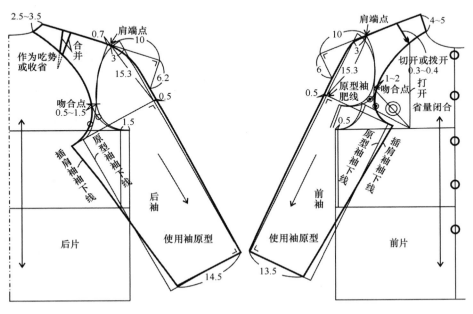

图 7-19　插肩袖

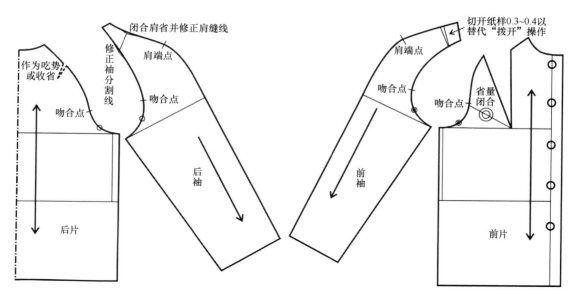

图 7-20 前片袖窿省和后片肩省处理后的插肩袖

二、插肩袖的分类

1. 领口分割类插肩袖

如图7-21所示，这类插肩袖是最常见的袖型之一。前片袖窿省三等分，其中两等份闭合，1等份作为吃势量，后肩省闭合。前片袖缝归缩，后片袖缝拔开。

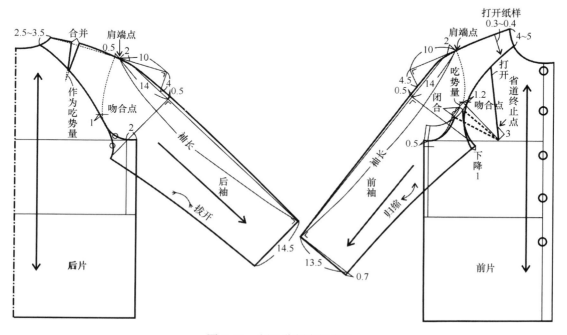

图 7-21 领口分割类插肩袖

2. 插袖底片类插肩袖

如图7-22所示，这类袖子是在袖底插了一个小袖片，将前、后袖缝长度调整为一样长。然后在前袖和后袖分割出一个袖片，然后合并为一个小袖片。

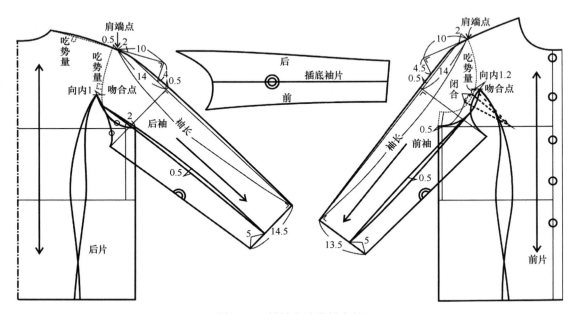

图 7-22 插袖底片类插肩袖

3. 插菱角类插肩袖

如图7-23所示，这类插肩袖是在袖底插一块形似菱形的衣片。腋下插角是宽度决定着袖子活动量的大小，插角宽度越大活动量则越大。

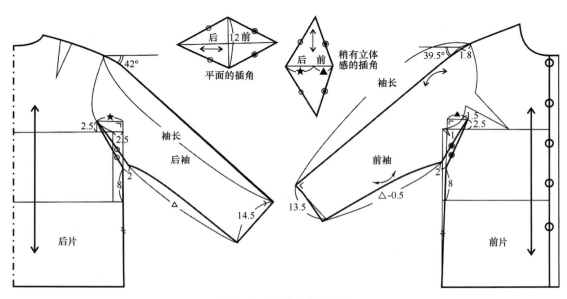

图 7-23 插菱角类插肩袖

三、连身袖

当服装肩部袖片与衣片连为一体时最便于上肢及肩部活动，所以连身袖在服装款式中应用很广泛，尤其在休闲装和运动装中最为常见。

1.连肩长袖

如图7-24所示，将袖原型分别与前、后肩端点重合，然后进行连肩袖绘制。

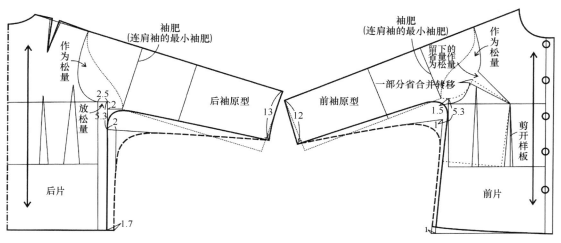

图 7-24　连肩长袖

2.连肩短袖

如图7-25所示，将袖原型分别与前、后肩端点重合为基准进行连肩袖绘制。

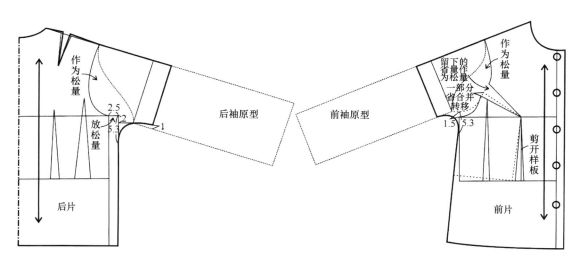

图 7-25　连肩短袖

第四节　特殊造型袖子结构设计

一、荷叶袖（图7-26）

如图7-27所示，将袖片画5条展开线，展开线长展开量就大，然后袖整袖山弧线和袖口线。

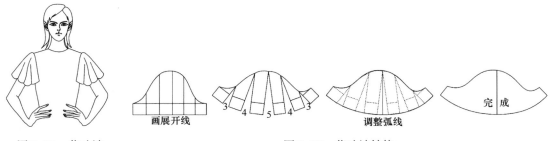

图 7-26　荷叶袖　　　　　　　　　　　　图 7-27　荷叶袖结构

二、郁金香袖（图7-28）

如图7-29所示，将袖山高两等分，然后依袖山高中点平行线在袖山曲线上的交点分别交叉画一条弧线至袖口，再将袖缝合并。

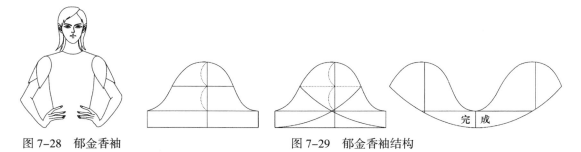

图 7-28　郁金香袖　　　　　　　　　　　图 7-29　郁金香袖结构

三、泡泡袖（图7-30）

如图7-31所示，将袖山高两等分，依此展开2cm，然后调整袖山弧线。

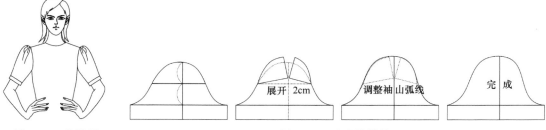

图 7-30　泡泡袖　　　　　　　　　　　　图 7-31　泡泡袖结构

四、悬垂袖（图 7-32 ）

如图7-33所示，先画好基础线，完成袖子造型时，前片袖窿要比后片略深一些。

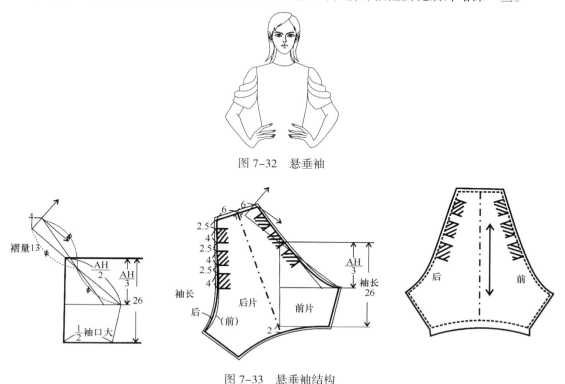

图 7-32　悬垂袖

图 7-33　悬垂袖结构

五、灯笼袖（图 7-34 ）

如图7-35所示，依袖中线为准展开6cm，并将袖山高中点平行线展开2cm，调整袖山弧线和袖口线。

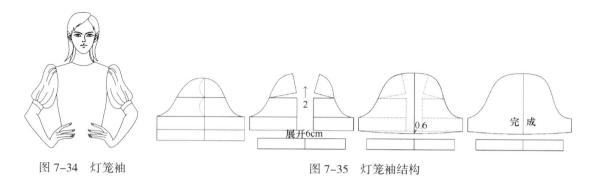

图 7-34　灯笼袖

图 7-35　灯笼袖结构

六、月牙袖（图 7-36 ）

如图7-37所示，从袖山高中点画好月牙袖，并依袖口线为准展开0.6cm，然后调整袖口弧线。

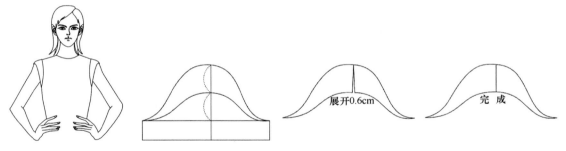

图 7-36　月牙袖　　　　　　　　　图 7-37　月牙袖结构

第八章　上衣结构变化与应用

　　原型制板方法，是一种非常成熟的平面制板体系。原型制板方法具有三种好处。一是解决了服装加放量的确定问题。原型的加放量是一个最可信赖的参照值，它通过立体试样反复修正而得，又经过长期试用而确定下来的，基本解决了立体裁剪中的量化处理难题。二是解决了平面制板中的立体塑型问题，直接量化地在制板中全面与人体对比，形成紧密联系人体的制板方法，提高了制板速度，也提高了制板质量。三是给平面服装结构设计提供了一个基本型。服装结构应该以人体为依据，原型总结抽象出服装结构的一般规律，形成平面的表达方式，能直接为平面结构设计所用。

　　第8代文化式女装上衣原型增加了省道设计，省道划分与分布更加合理，更加明显突出女性的人体体型，提高了女装的造型功能。虽然第8代文化式女装上衣原型制图趋向复杂化，但却方便了服装款式变化与转换，特别是省道的结构设计较好地表现了女性人体曲线特征。本章采用第8代文化式原型法进行服装工业制板。

第一节　女衬衫

一、女衬衫款式效果图（图8-1）

正面

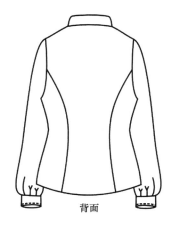
背面

图8-1　女衬衫款式效果图

二、女衬衫规格尺寸表（表8-1）

表 8-1　女衬衫规格尺寸表　　　　　　　　　　　　　　　单位：cm

号型 部位	S	M(基础板)	L	XL	档差
	155/80A	160/84A	165/88A	170/92A	
衣长	54.5	56	57.5	59	1.5
肩宽	37	38	39	40	1
领围	35	36	37	38	1
胸围	88	92	96	100	4
腰围	72	76	80	84	4
摆围	89	93	97	101	4
袖长	54.5	56	57.5	59	1.5
袖肥	30.4	32	33.6	35.2	1.6
袖口	17	18	19	20	1

三、女衬衫制图步骤

1.运用前面所学的文化式第8代上衣原型知识，如图8-2所示画好女装上衣原型结构图。

注明:上衣原型绘制是人体净胸围为基础加放松量的，因此，女装上衣原型计算公式是依胸围84cm来计算加放松量的。

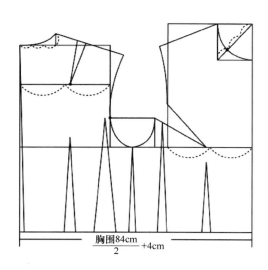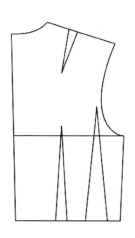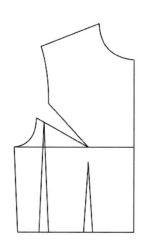

$$\frac{胸围84cm}{2}+4cm$$

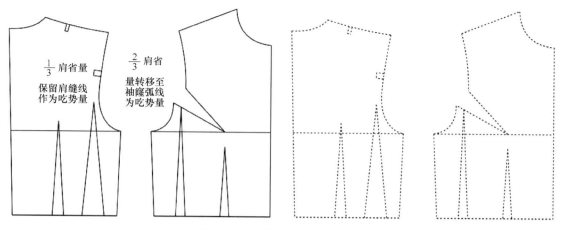

图 8-2 女装上衣原型结构图

2.如图8-3所示，画好女衬衫结构基础线。

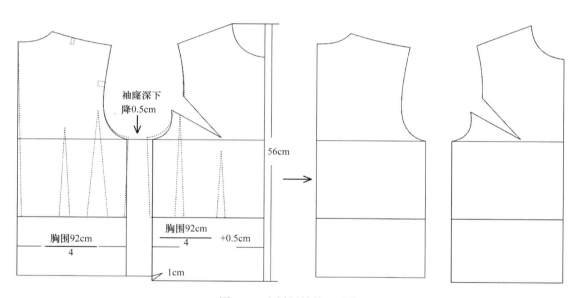

图 8-3 女衬衫结构基础线

3.如图8-4所示，根据女衬衫款式造型画好女衬衫结构图。

4.如图8-5所示，画好衬衫领结构图。

5.如图8-6所示，确定好袖山高和袖肥尺寸，并画好袖山弧线。

6.如图8-7所示，画好袖子、袖克夫、袖衩滚边条。

四、样板处理

1.前片和门襟样片处理（图8-8）。

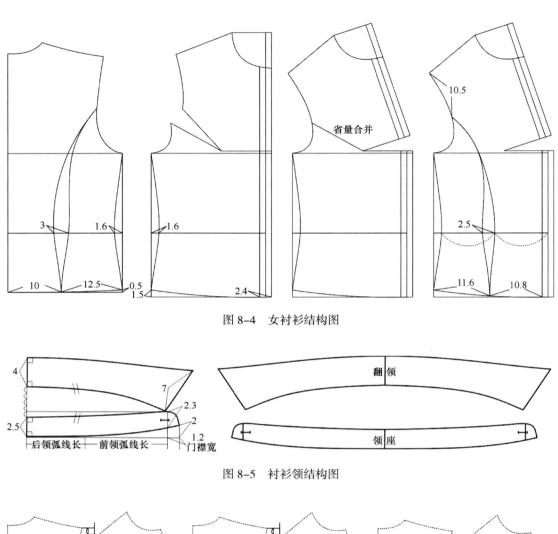

图 8-4　女衬衫结构图

图 8-5　衬衫领结构图

图 8-6　袖山弧线

2.如图8-9所示，除前片、后片、后侧片、前侧片、门襟下摆缝份为3cm，其他部位的缝份统一为1cm，袖衩滚边条不用加缝份量。

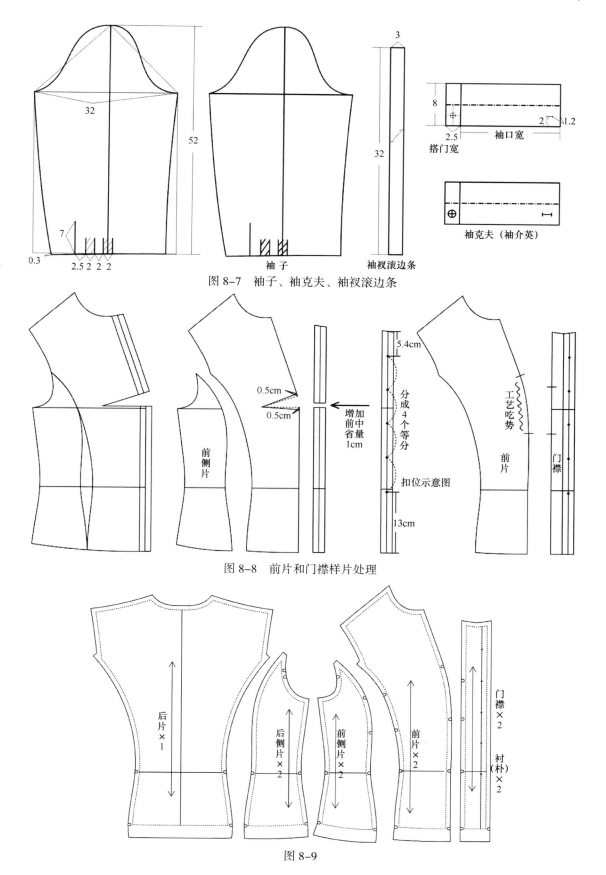

图 8-7 袖子、袖克夫、袖衩滚边条

图 8-8 前片和门襟样片处理

图 8-9

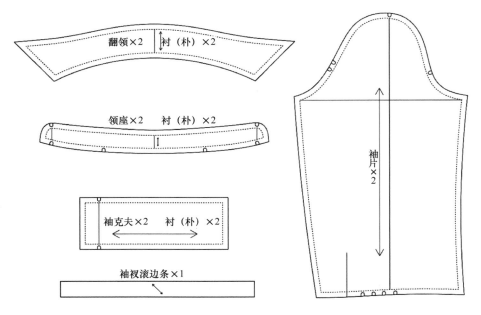

图 8-9　女衬衫样板

第二节　短袖衫

一、短袖衫款式效果图（图 8-10）

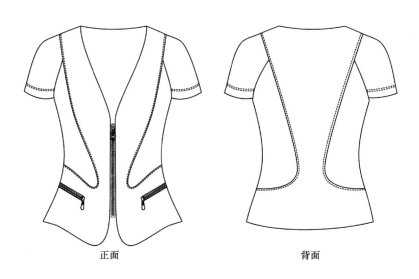

正面　　　　　　　　　　　　背面

图 8-10　短袖衫款式效果图

二、短袖衫规格尺寸表（表8-2）

表8-2　短袖衫规格尺寸表

单位：cm

号型 部位	S 155/80A	M(基础板) 160/84A	L 165/88A	XL 170/92A	档差
衣长	59.5	61	62.5	64	1.5
肩宽	37	38	39	40	1
胸围	88	92	96	100	4
腰围	72	76	80	84	4
摆围	88	92	96	100	4
袖长	18	19	20	21	1
袖肥	30.8	32	33.2	34.4	1.2
袖口	29	30	31	32	1

三、短袖衫制图步骤

1.运用前面所学的文化式第8代上衣原型知识，如图8-11所示画好女装上衣原型结构图。

注明:上衣原型绘制是人体净胸围为基础加放松量的，因此，女装上衣原型计算公式是依胸围84 cm来计算加放松量的。

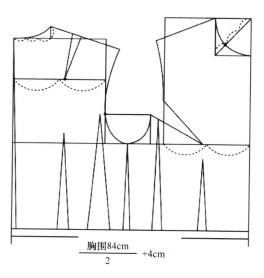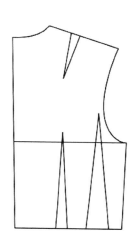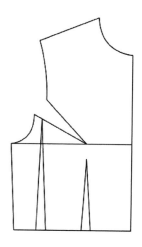

$$\frac{胸围84cm}{2} + 4cm$$

图 8-11

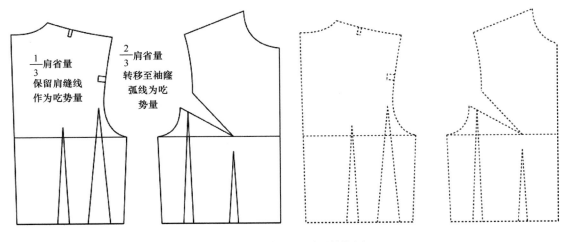

图 8-11　女装上衣原型结构图

2.如图8-12所示，画好短袖衫结构基础线。

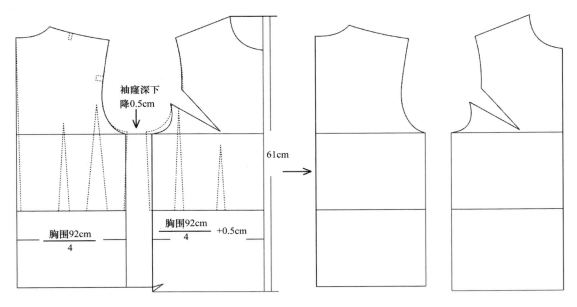

图 8-12　短袖衫结构基础线

3.如图8-13所示，画好短袖衫结构图。

四、样板处理

1.后片和后侧片样板处理（图8-14）

2.前片和前侧片样板处理（图8-15）

3.如图8-16所示，除前片、后片下摆线和前袖、后袖袖口线缝份为3cm，其他部位的缝份统一为1cm。

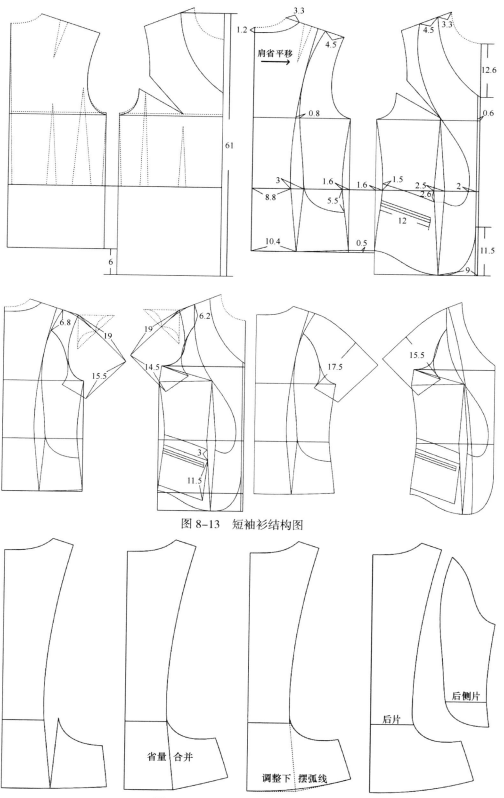

图 8-13　短袖衫结构图

图 8-14　后片和后侧片样板处理

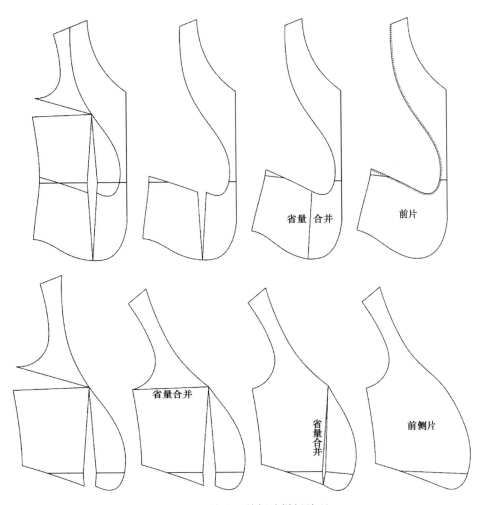

图 8-15　前片和前侧片样板处理

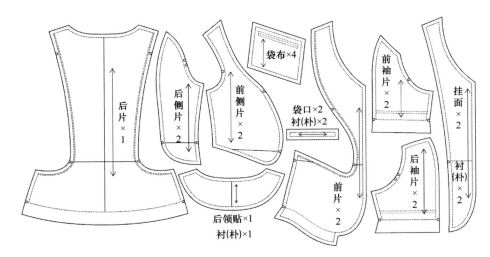

图 8-16　短袖衫样板

第三节　连衣裙

一、连衣裙款式效果图（图8-17）

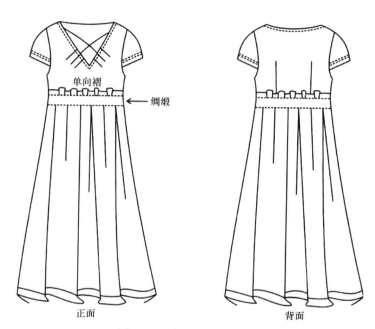

单向褶

绸缎

正面　　　　　　背面

图8-17　连衣裙款式效果图

二、连衣裙规格尺寸表（表8-3）

表8-3　连衣裙规格尺寸表　　　　　　单位：cm

部位 \ 号型	S	M(基础板)	L	XL	档差
	155/80A	160/84A	165/88A	170/92A	
衣长	90	92	94	96	2
肩宽	37	38	39	40	1
胸围	88	92	96	100	4
腰围	72	76	80	84	4
摆围	172	176	180	184	4
袖长	7.9	8.2	8.5	8.8	0.3

三、连衣裙制图步骤

1.运用前面所学的文化式第8代上衣原型知识，如图8-18所示，画好女装上衣原型结构图。

注明:上衣原型绘制是人体净胸围为基础加放松量的，因此，女装上衣原型计算公式是依胸围84cm来计算加放松量的。

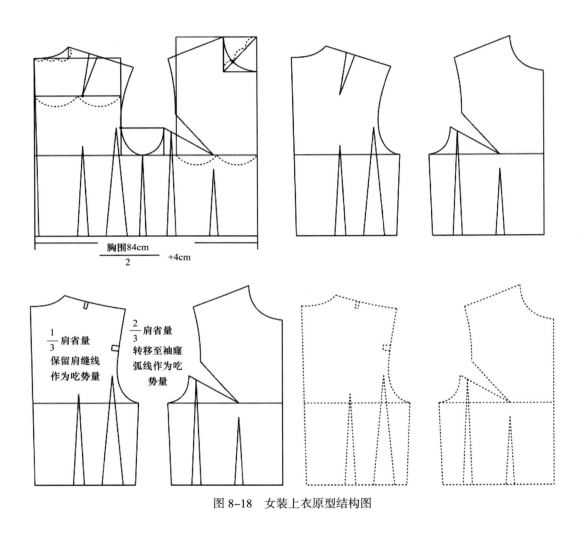

图 8-18　女装上衣原型结构图

2.如图8-19、图8-20所示，画好连衣裙结构基础线，并完成大身制图。

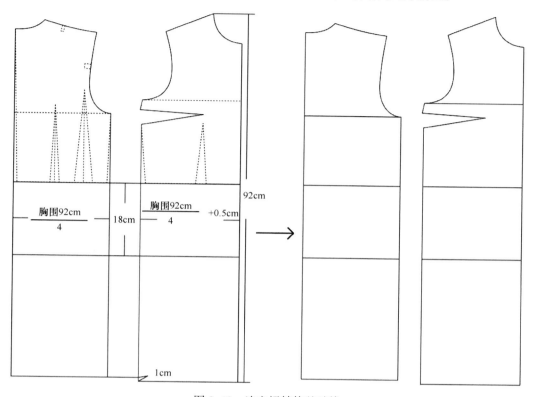

图 8-19 连衣裙结构基础线

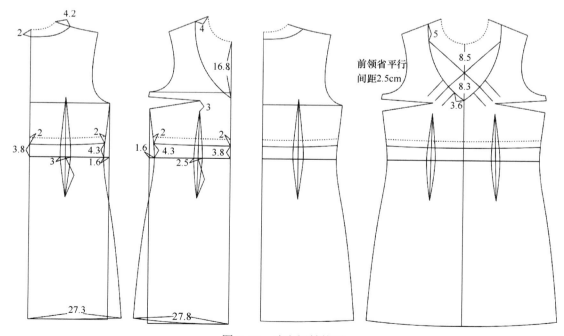

图 8-20 连衣裙结构图

3.如图8-21所示，画好袖子。

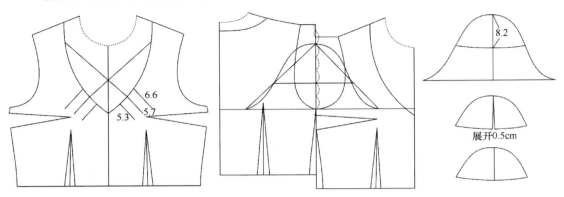

图 8-21　前片领省和袖子结构图

四、样板处理

1.前上拼块样板处理（图8-22）。

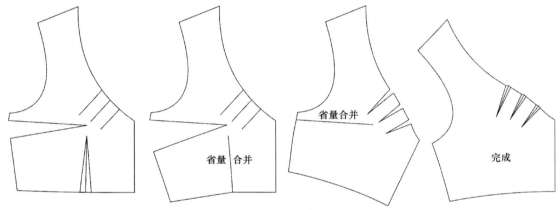

图 8-22　前上拼块样板处理

2.前下拼块样板处理（图8-23、图8-24）。

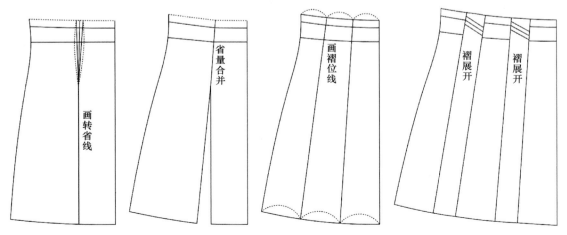

图 8-23　前下拼块样板处理1

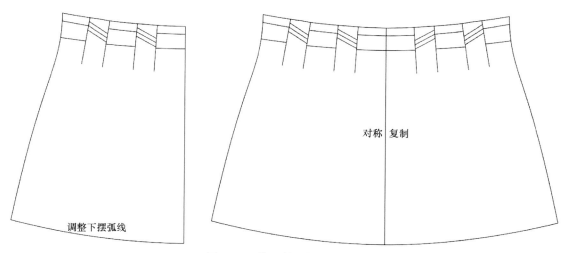

图 8-24　前下拼块样板处理 2

3.后下拼块样板处理（图8-25、图8-26）。

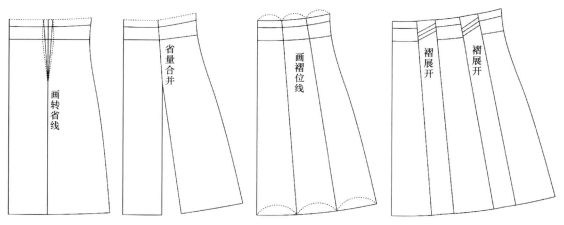

图 8-25　后下拼块样板处理 1

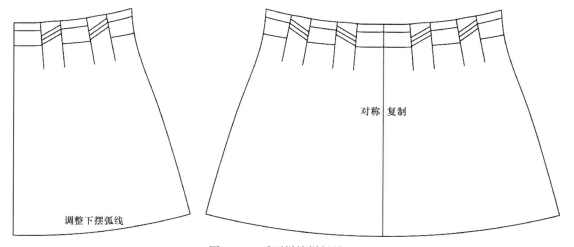

图 8-26　后下拼块样板处理 2

4.如图8-27所示，除前下拼片、后下拼块下摆线和袖子袖口线缝份为3cm，其他部位的缝份统一为1cm。

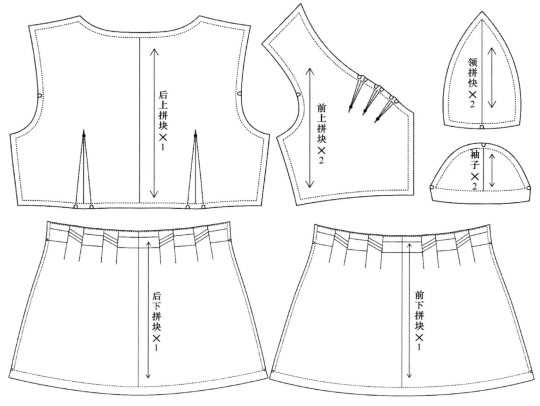

图 8-27　连衣裙样板

第四节　弯驳领西装

一、弯驳领西装款式效果图（图8-28）

正面　　　　　　　　　背面

图 8-28　弯驳领西装款式效果图

二、弯驳领西装规格尺寸表（表8-4）

表8-4　弯驳领西装规格尺寸表　　　　　　　单位：cm

号型 部位	S 155/80A	M(基础板) 160/84A	L 165/88A	XL 170/92A	档差
衣长	56	58	60	62	2
肩宽	38	39	40	41	1
胸围	90	94	98	102	4
腰围	74	78	82	86	4
摆围	94	98	102	106	4
袖长	56.5	58	59.5	61	1.5
袖肥	31.4	33	34.6	36.2	1.6
袖口	24	25	26	27	1

三、弯驳领西装制板步骤

1.运用前面所学的文化式第8代上衣原型知识，如图8-29所示画好女装上衣原型结构图。

注明:上衣原型绘制是人体净胸围为基础加放松量的，因此，女装上衣原型计算公式是依胸围84cm来计算加放松量的。

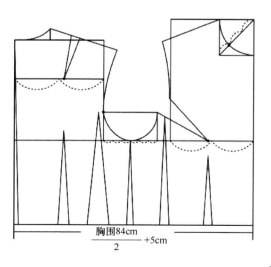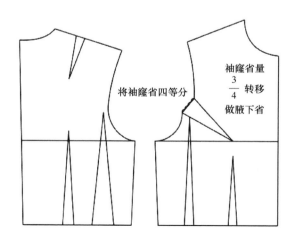

图 8-29

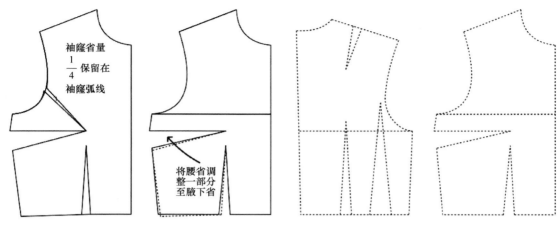

图 8-29　女装上衣原型结构图

2.如图8-30所示，画好弯驳领西装结构基础线。

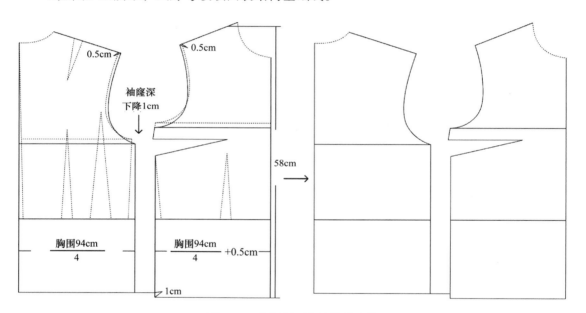

图 8-30　弯驳领西装结构基础线

3.如图8-31所示，画好弯驳领西装结构图。

4.袖子结构图（图8-32）。

5.弯驳领结构图（图8-33）。

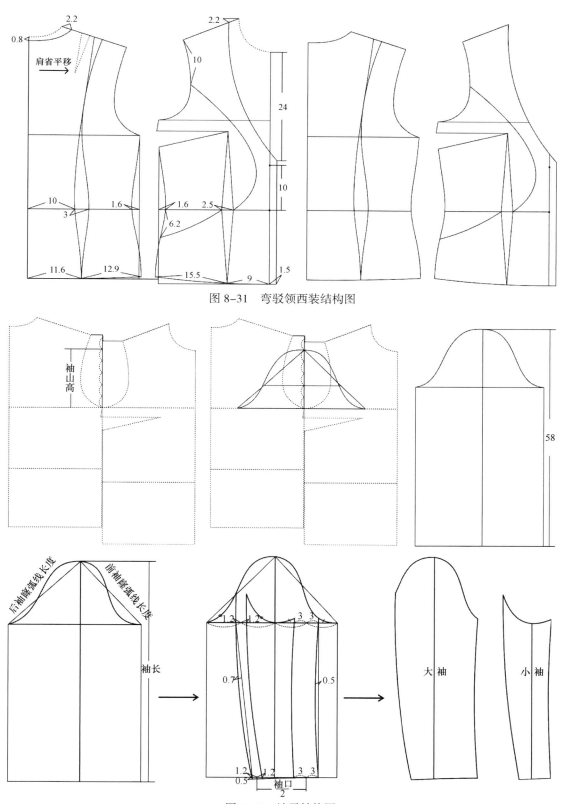

图 8-31 弯驳领西装结构图

图 8-32 袖子结构图

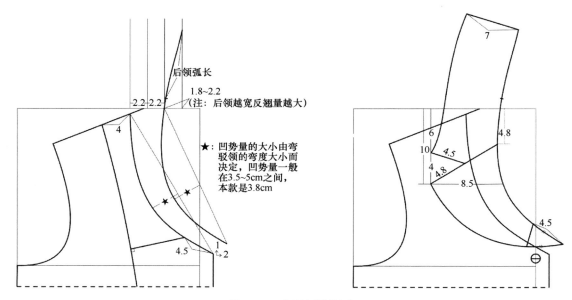

后领弧长

1.8~2.2
（注：后领越宽反翘量越大）

2.2 2.2

4

★：凹势量的大小由弯
驳领的弯度大小而
决定，凹势量一般
在3.5~5cm之间，
本款是3.8cm，

4.5

1
2

6

10

4.5

4

4.8

8.5

4.8

4.5

4.5

图 8-33　弯驳领结构图

四、样板处理

1.前侧片样板处理（图8-34）。

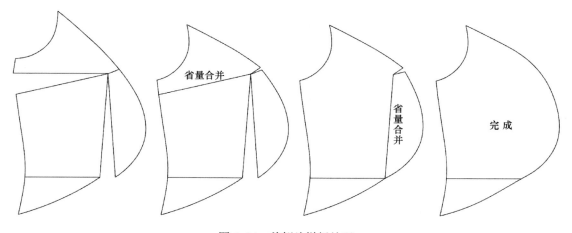

省量合并

省量合并

完成

图 8-34　前侧片样板处理

2.前片样板处理（图8-35）。

3.后领贴和后片里布（图8-36）。

4.前片里布（图8-37）。

5.领子、挂面样板处理（图8-38）。

6.除后片、后侧片、前片下摆线缝份为3.8cm，其他部位的缝份统一为1cm（图
8-39~图8-41）。

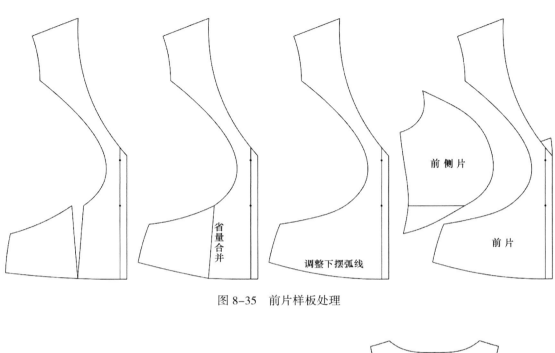

图 8-35　前片样板处理

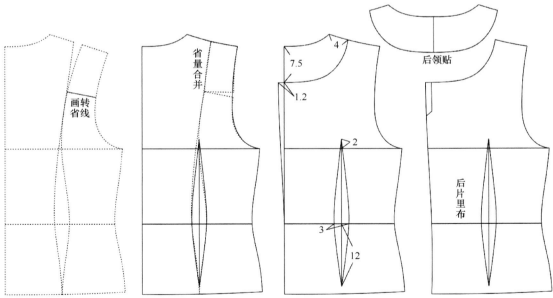

图 8-36　后领贴和后片里布

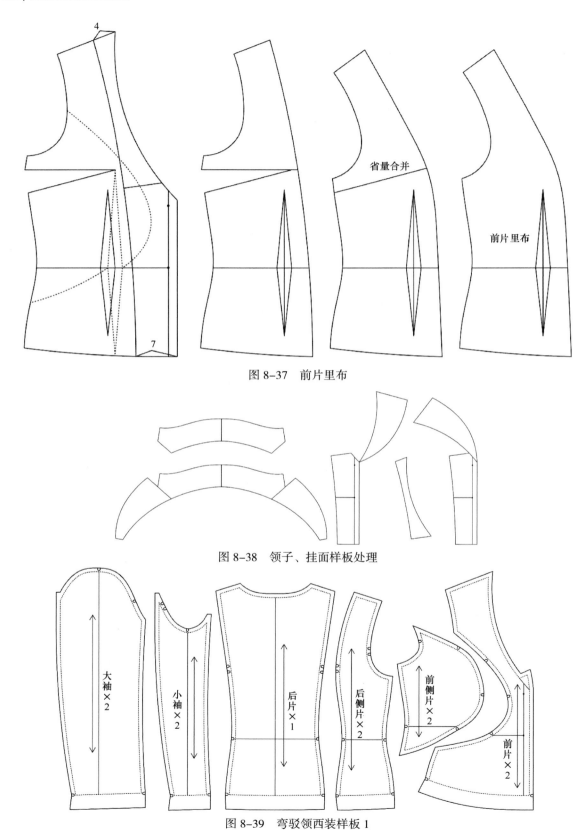

图 8-37 前片里布

图 8-38 领子、挂面样板处理

图 8-39 弯驳领西装样板 1

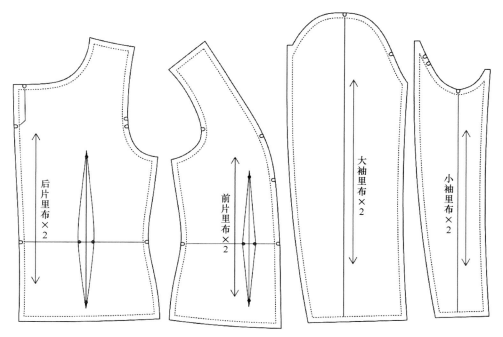

图 8-40　弯驳领西装样板 2

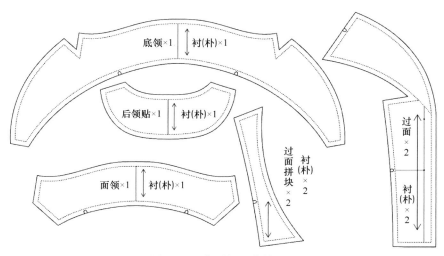

图 8-41　弯驳领西装样板 3

第五节　时装夹克

一、时装夹克款式效果图（图8-42）

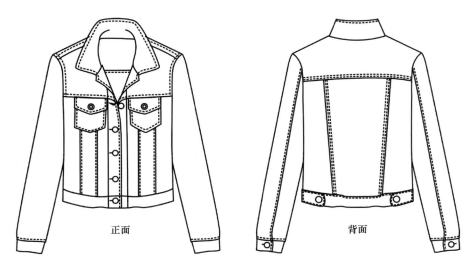

正面　　　　　　　　　　背面

图 8-42　时装夹克款式效果图

二、时装夹克规格尺寸表（表8-5）

表 8-5　时装夹克规格尺寸表　　　　　　　　单位：cm

部位 ＼ 号型	S	M(基础板)	L	XL	档差
	155/80A	160/84A	165/88A	170/92A	
衣长	56.5	58	59.5	61	1.5
肩宽	38	39	40	41	1
领围	48	49	50	51	1
胸围	90	94	98	102	4
腰围	74	78	82	86	4
摆围	86	90	94	98	4
袖长	56.5	58	59.5	61	1.5
袖肥	31.4	33	34.6	36.2	1.6
袖口	21	22	23	24	1

三、时装夹克制板步骤

1.运用前面所学的文化式第8代上衣原型知识，如图8-43所示，画好女装上衣原型结构图。

注明:上衣原型绘制是人体净胸围为基础加放松量的，因此，女装上衣原型计算公式是依胸围84 cm来计算加放松量的。

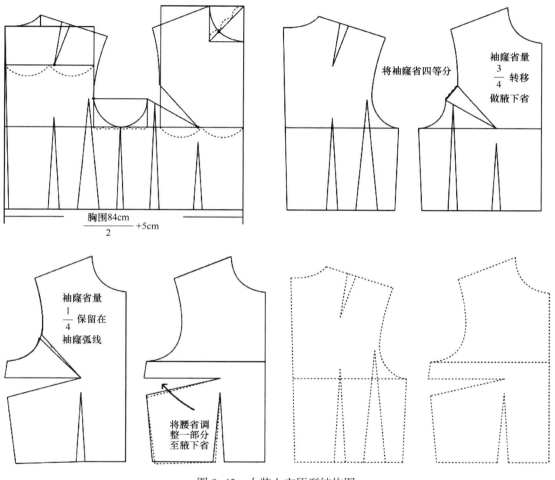

图 8-43　女装上衣原型结构图

2.如图8-44所示，画好时装夹克结构基础线。

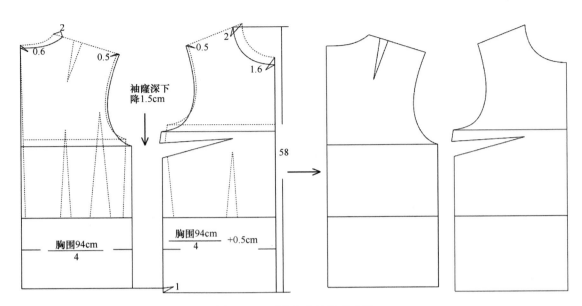

图 8-44　时装夹克结构基础线

3.如图8-45所示，画好时装夹克结构图。

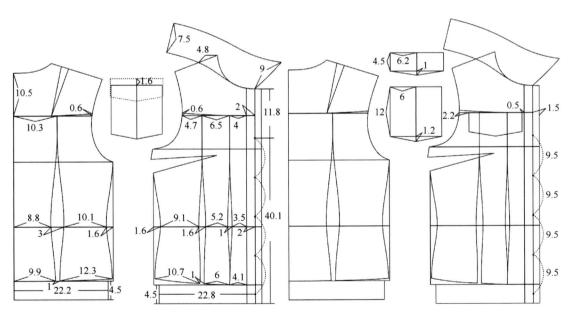

图 8-45　时装夹克结构图

4.袖子结构图（图8-46）。

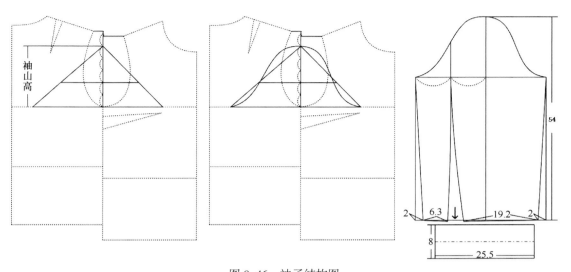

图 8-46　袖子结构图

四、样板处理

1.领子处理（图8-47）。

图 8-47　领子处理

2.后上拼块处理（图8-48）。

图 8-48　后上拼块处理

3.后片、后侧片、下摆（图8-49）。

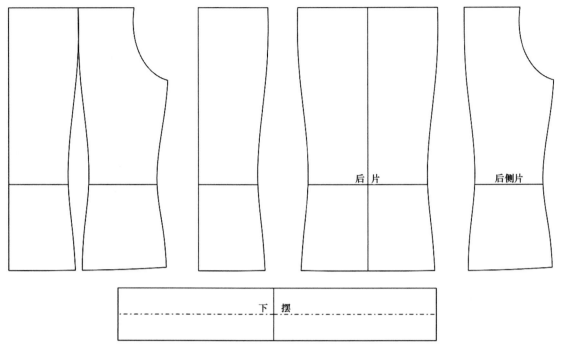

图 8-49　后片、后侧片、下摆

4.前侧处理（图8-50）。

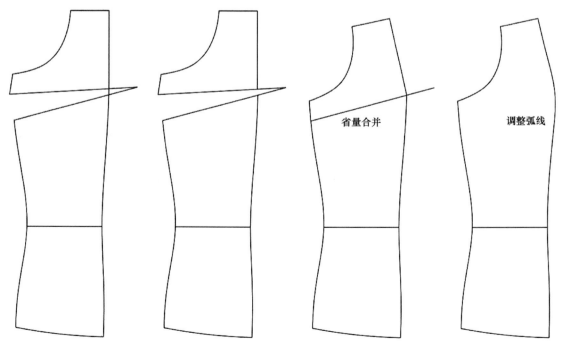

图 8-50　前侧处理

5.前上拼块（图8-51）。

6.门襟（图8-52）。

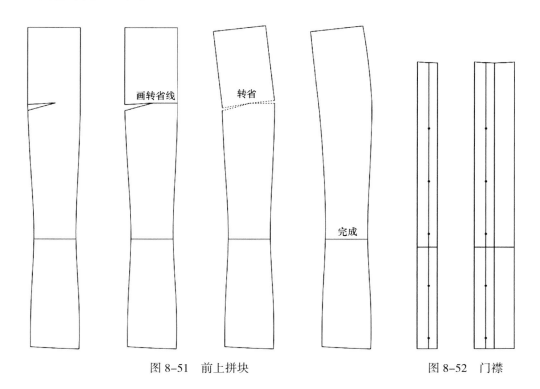

图 8-51　前上拼块　　　　　　　图 8-52　门襟

7.袖子、袖克夫（图8-53）。

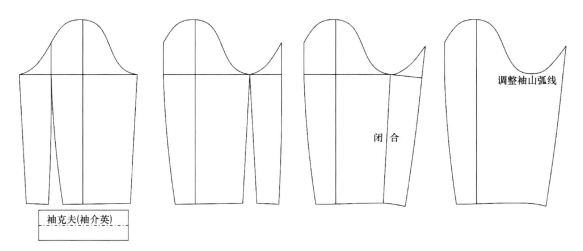

图 8-53　袖子、袖克夫

8.除贴袋上口缝份为3cm，其他部位的缝份统一为1cm（图8-54、图8-55）。

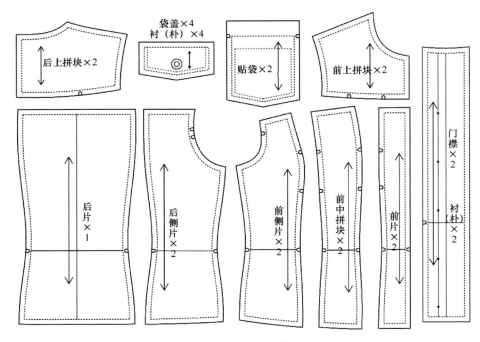

图 8-54　时装夹克样板 1

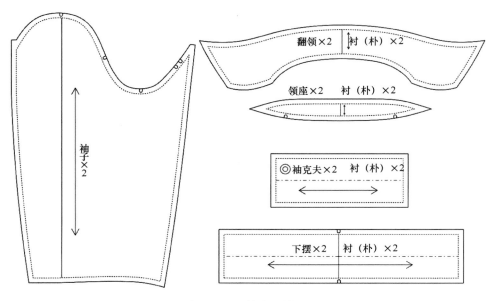

图 8-55　时装夹克样板 2

第六节 时装外套

一、时装外套款式效果图（图8-56）

正面　　　　　　　　　　　　　　　背面

图 8-56 时装外套款式效果图

二、时装外套规格尺寸表（表8-6）

表 8-6 时装外套规格尺寸表　　　　　　　　　　　单位：cm

部位＼号型	S	M(基础板)	L	XL	档差
	155/64A	160/68A	165/72A	170/76A	
衣长	54.5	56	57.5	59	1.5
肩宽	37	38	39	40	1
领围	48	49	50	51	1
胸围	88	92	96	100	4
腰围	72	76	80	84	4
摆围	84	88	92	96	4
袖长	56.5	58	59.5	61	1.5
袖肥	30.8	32.4	34	35.6	1.6
袖口	25	26	27	28	1

三、时装外套制板步骤

1.运用前面所学的文化式第8代上衣原型知识，如图8-57所示画好女装上衣原型结构图。

注明:上衣原型绘制是人体净胸围为基础加放松量的，因此，女装上衣原型计算公式是依胸围84 cm来计算加放松量的。

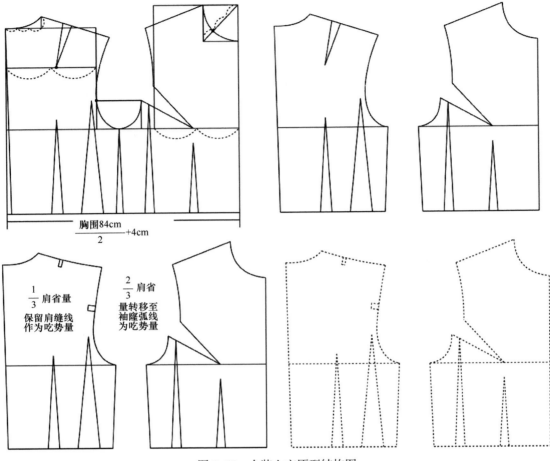

图 8-57　女装上衣原型结构图

2.如图8-58所示，画好时装外套结构基础线。

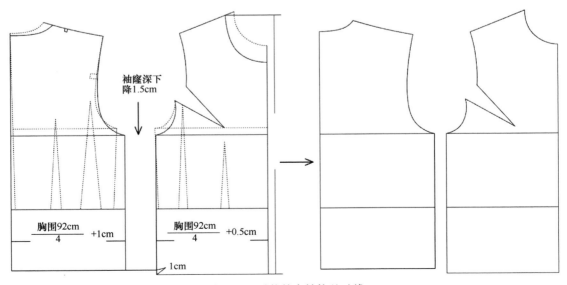

图 8-58　时装外套结构基础线

3.如图8-59所示，画好时装外套结构图。

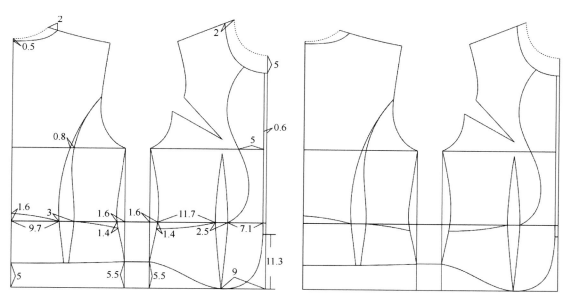

图 8-59　时装外套结构图

4.领子结构图（图8-60）。

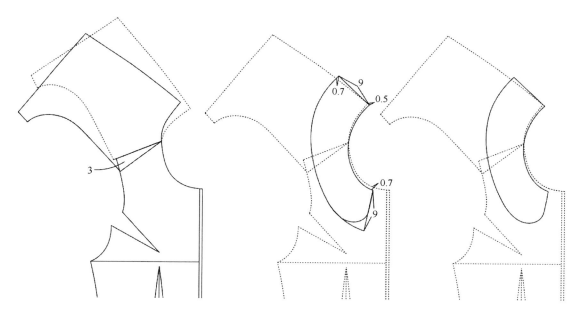

图 8-60　领子结构图

5.袖子结构图（图8-61）。

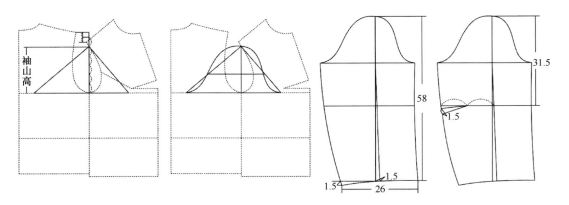

图 8-61　袖子结构图

四、样板处理

1.前片样板处理（图8-62）。

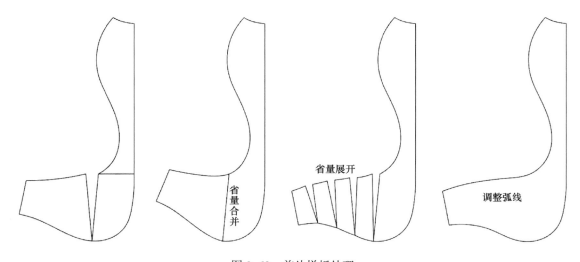

图 8-62　前片样板处理

2.前侧片样板处理（图8-63）。

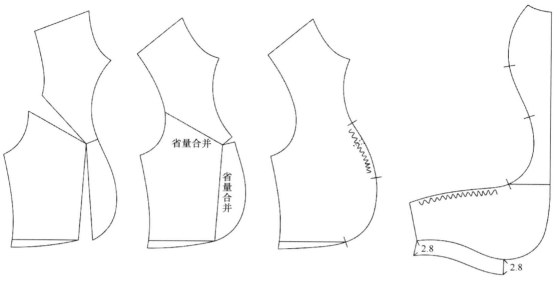

图 8-63　前侧片样板处理

3.后下摆样板处理（图8-64）。

图 8-64　后下摆样板处理

4.领底和领面（图8-65）。

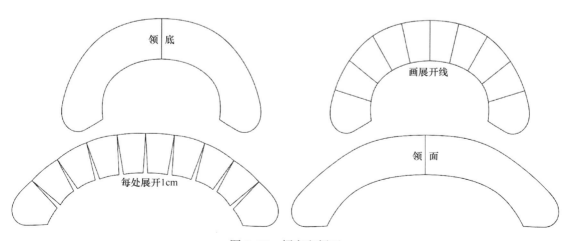

图 8-65　领底和领面

5.袖子处理（图8-66）。

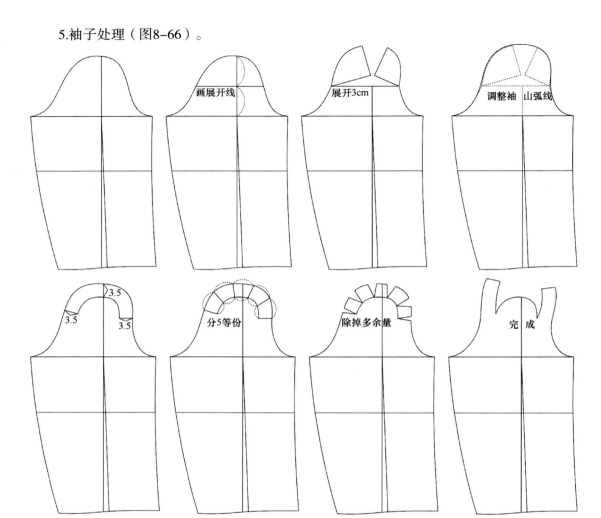

图 8-66　袖子处理

6.前片里布和挂面（图8-67）。

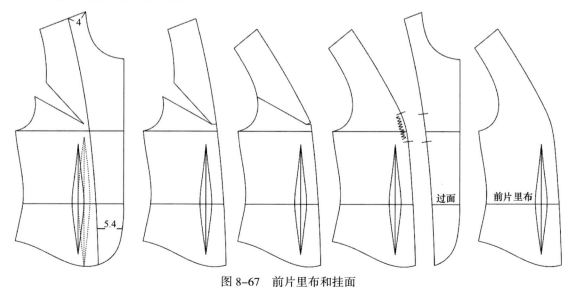

图 8-67　前片里布和挂面

7.后领贴、后片里布、袖子里布（图8-68）。

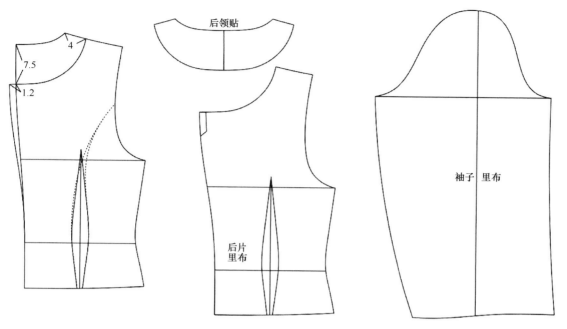

图8-68 后领贴、后片里布、袖子里布

8.除贴后下摆拼块下摆缝份和袖子袖口缝份为3.8cm，其他部位的缝份统一为1cm（图8-69、图8-70）。

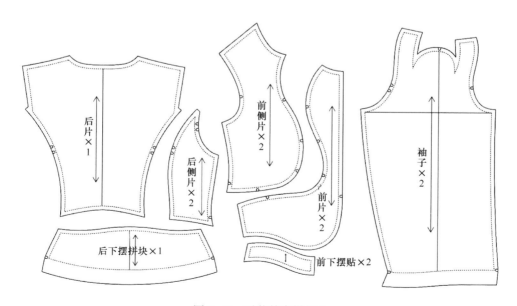

图8-69 时装外套样板1

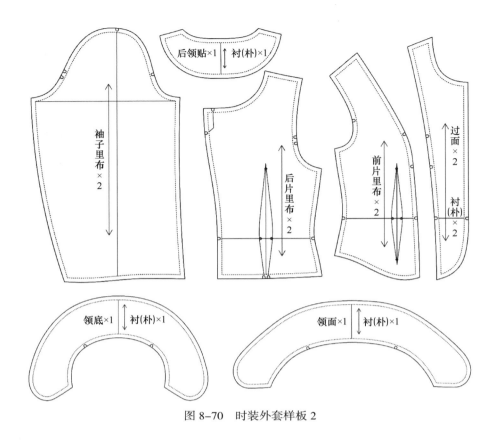

图 8-70　时装外套样板 2

第七节　带帽时装夹克

一、带帽时装夹克款式效果图（图 8-71）

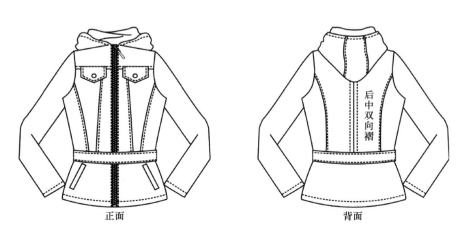

正面　　　　　　　　　　　背面

图 8-71　带帽时装夹克款式效果图

二、带帽时装夹克规格尺寸表（表8-7）

表8-7　带帽时装夹克规格尺寸表

单位：cm

部位＼号型	S 155/80A	M(基础板) 160/84A	L 165/88A	XL 170/92A	档差
衣长	58.5	60	61.5	63	1.5
肩宽	37	38	39	40	1
领围	46	47	48	49	1
帽高	29	30	31	32	1
帽肥	24.5	25.5	26.5	27.5	1
胸围	90	94	98	102	4
腰围	74	78	82	86	4
摆围	88	92	96	100	4
袖长	56.5	58	59.5	61	1.5
袖肥	31.4	33	34.6	36.2	1.6
袖口	23	24	25	26	1

三、带帽时装夹克制板步骤

1.运用前面所学的文化式第8代上衣原型知识，如图8-72所示画好女装上衣原型结构图。

注明:上衣原型绘制是人体净胸围为基础加放松量的，因此，女装上衣原型计算公式是依胸围84cm来计算加放松量的。

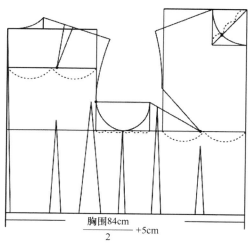
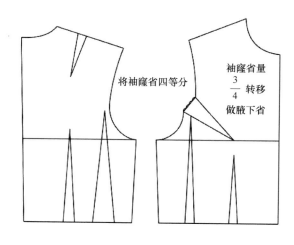

图 8-72

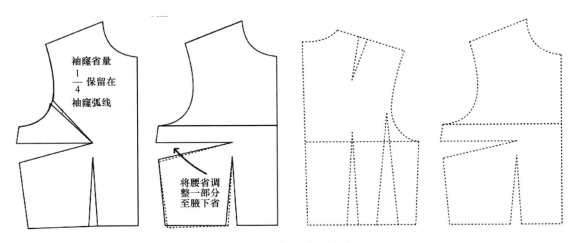

图 8-72　女装上衣原型结构图

2.如图8-73所示，画好带帽时装夹克结构基础线。

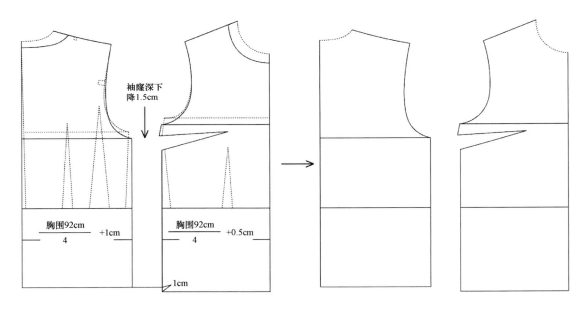

图 8-73　带帽时装夹克结构基础线

3.如图8-74所示，画好带帽时装夹克结构图。

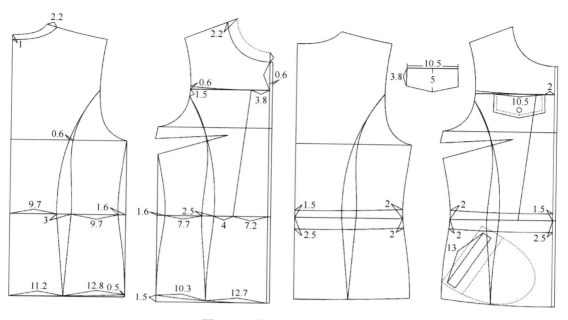

图 8-74　带帽时装夹克结构图

4.袖子结构图（图8-75）。

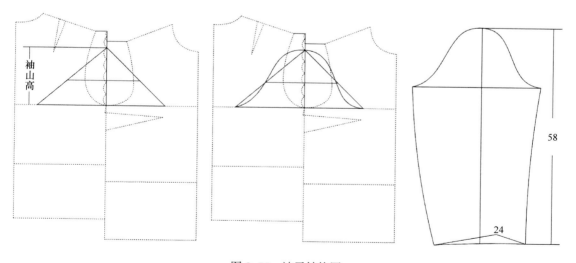

图 8-75　袖子结构图

5.帽子结构图（图8-76）。

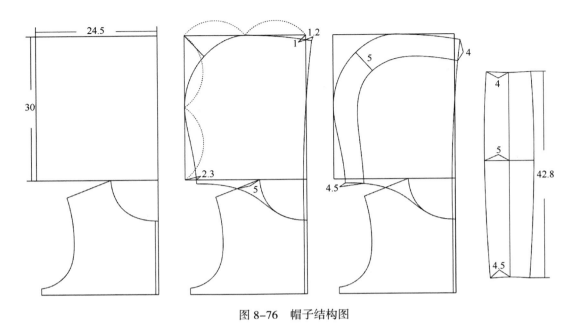

图 8-76　帽子结构图

四、样板处理

1.后上拼块样板处理（图8-77）。

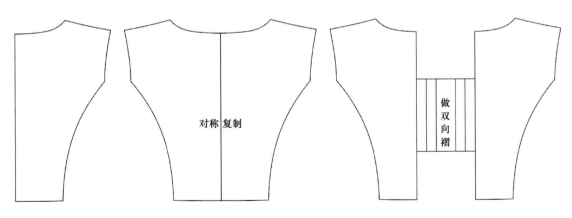

图 8-77　后上拼块样板处理

2.后片腰头样板处理（图8-78）。

图 8-78　后片腰头样板处理

3.后下摆样板处理（图8-79）。

图 8-79 后下摆样板处理

4.前侧片样板处理（图8-80）。

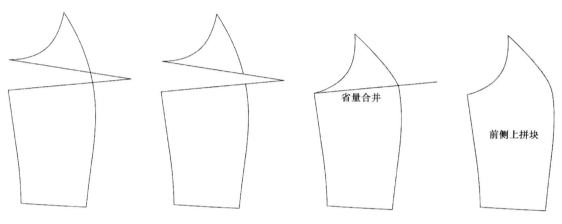

图 8-80 前侧片样板处理

5.前中拼块样板处理（图8-81）。

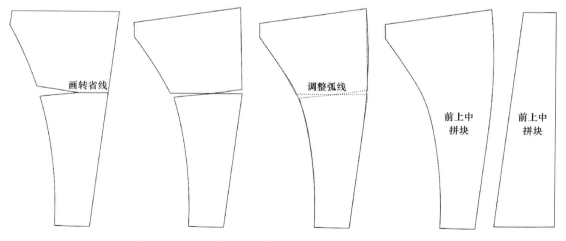

图 8-81 前中拼块样板处理

6.前片腰头样板处理（图8-82）。

图 8-82 前片腰头样板处理

7.前下摆样板处理（图8-83）。

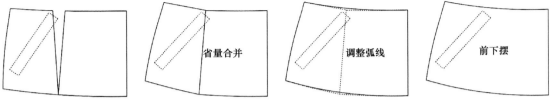

图 8-83　前下摆样板处理

8.后领贴、后片里布、前片里布、挂面（图8-84）。

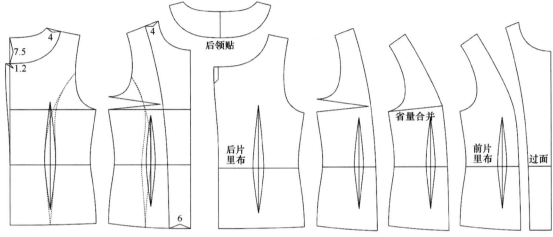

图 8-84　后领贴、后片里布、前片里布、挂面

9.除贴后下摆拼块、前下摆拼块下摆缝份和袖子袖口缝份为3.8cm，其他部位的缝份统一为1cm（图8-85、图8-86）。

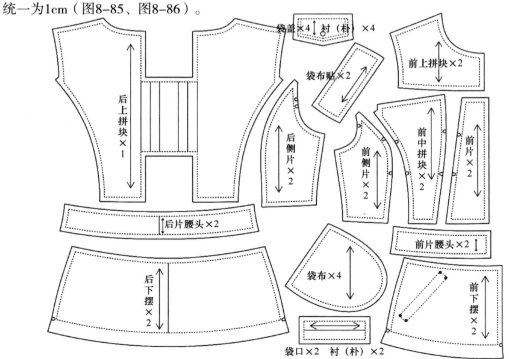

图 8-85　带帽时装夹克样板 1

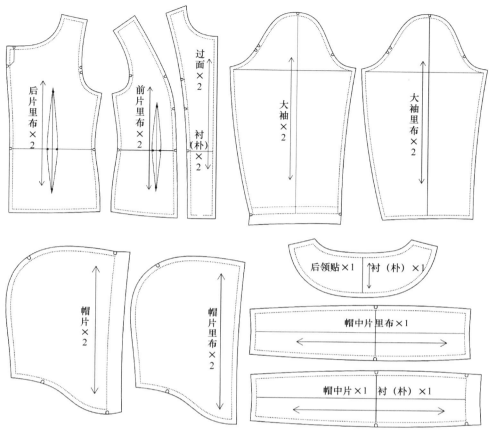

图 8-86 带帽时装夹克样板 2

第八节 前圆后插大衣

一、前圆后插大衣款式效果图（图 8-87）

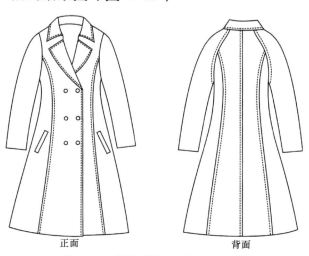

正面　　　　　　　背面

图 8-87 前圆后插大衣款式效果图

二、前圆后插大衣规格尺寸表（表8-8）

表8-8　前圆后插大衣规格尺寸表　　　　　单位：cm

部位 \ 号型	S	M(基础板)	L	XL	档差
	155/80A	160/84A	165/88A	170/92A	
衣长	84	86	88	90	2
肩宽	39	40	41	42	1
领围	46	47	48	49	1
胸围	94	98	102	106	4
腰围	78	82	86	90	4
摆围	129	133	137	141	4
袖长	56.5	58	59.5	61	1.5
袖肥	33.9	35.5	37.1	38.7	1.6
袖口	26	27	28	29	1

三、前圆后插大衣制板步骤

1.运用前面所学的文化式第8代上衣原型知识，如图8-88所示画好女装上衣原型结构图。

注:上衣原型绘制是人体净胸围为基础加放松量的，因此，女装上衣原型计算公式是依胸围84 cm来计算加放松量的。

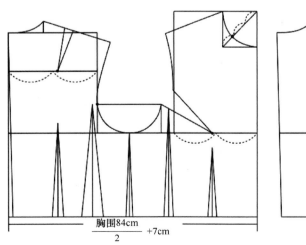

胸围84cm / 2 +7cm

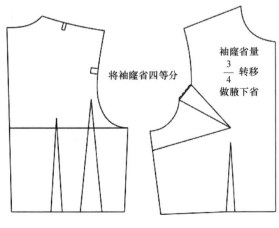

将袖窿省四等分

袖窿省量 3/4 转移 做腋下省

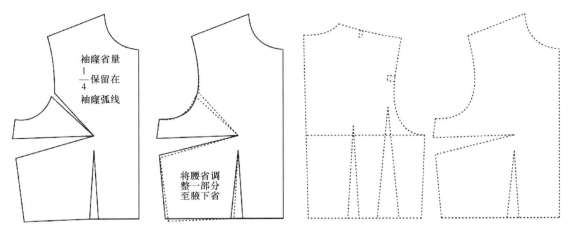

图 8-88　女装上衣原型结构图

2.如图8-89所示，画好前圆后插大衣结构基础线。

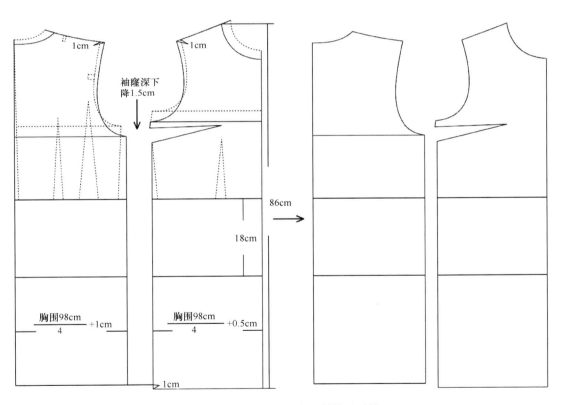

图 8-89　前圆后插大衣结构基础线

3.如图8-90所示，画好前圆后插大衣结构图。

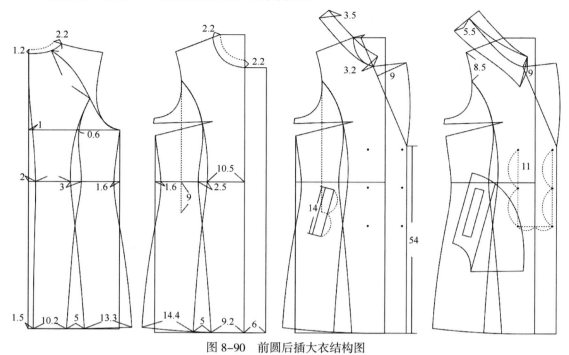

图 8-90　前圆后插大衣结构图

4.袖子结构图（图8-91）。

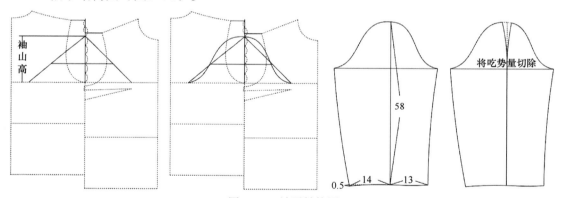

图 8-91　袖子结构图

5.后袖结构图（图8-92）。

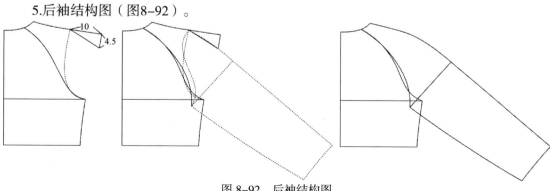

图 8-92　后袖结构图

四、样板处理

1.后中片、后侧片、后袖（图8-93）。

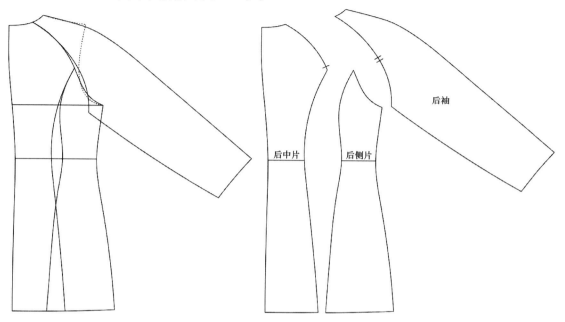

图 8-93　后中片、后侧片、后袖

2.袋口贴、袋布贴、前侧片、前片、袋布、前袖片（图8-94）。

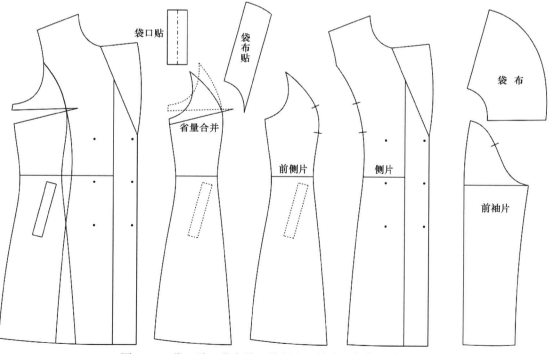

图 8-94　袋口贴、袋布贴、前侧片、前片、袋布、前袖片

3.后领贴、后片里布、后侧里布、后袖里布（图8-95）。

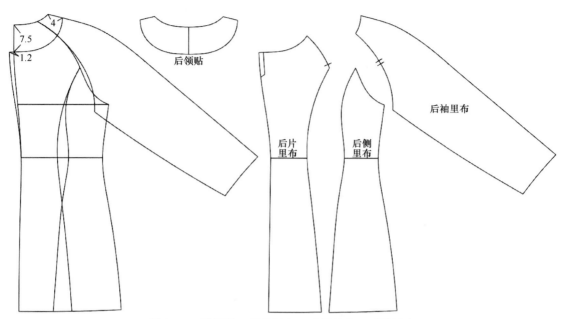

图 8-95　后领贴、后片里布、后侧里布、后袖里布

4.前侧里布、前中里布、挂面（图8-96）。

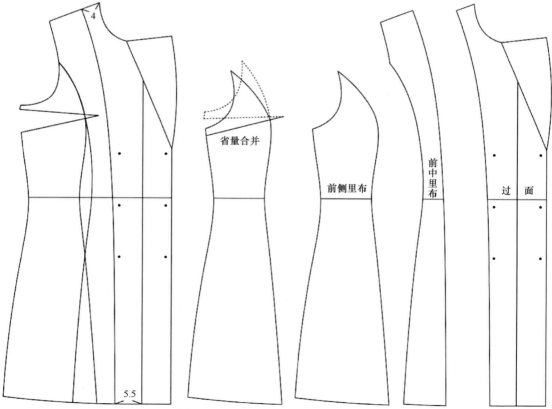

图 8-96　前侧里布、前中里布、挂面

5.除后片、后侧片、前侧片、前片下摆缝份和前袖、后袖袖口缝份为3.8cm，其他部位的缝份统一为1cm（图8-97）。

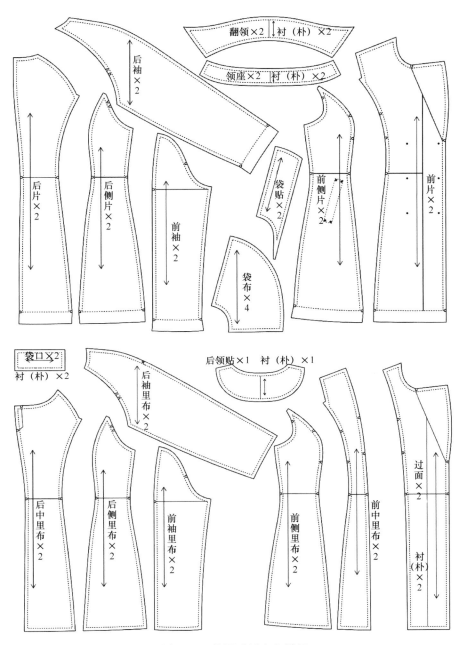

图 8-97　前圆后插大衣样板

第九章　男装结构变化与应用

　　本章通过四款男装，帮助读者掌握男装工业制板操作技能，具体包括款式效果图、尺寸表、结构图、裁片处理图、裁片图。读者只要掌握基本的男装制板方法，就可以举一反三地掌握变化款式的样板制作方法。

第一节　休闲裤

一、休闲裤款式效果图（图9-1）

正面　　　　　　　　　背面

图9-1　休闲裤款式效果图

二、休闲裤规格尺寸表（表9-1）

表9-1　休闲裤规格尺寸表

单位：cm

部位 ＼ 号型	S	M(基础板)	L	XL	档差
	165/72A	170/76A	175/80A	180/84A	
裤长	101	104	107	110	3
腰围	74	78	82	86	4

续表

部位 \ 号型	S	M(基础板)	L	XL	档差
	165/72A	170/76A	175/80A	180/84A	
臀围	94	98	102	106	4
膝围	51	53	55	57	2
裤口	49	51	53	55	2
上裆(不含腰)	25.8	26.5	27.2	27.9	0.7
前裆弧长(不含腰)	23.1	24	24.9	25.8	0.9
后裆弧长(不含腰)	32.6	33.6	34.6	35.6	1
横裆宽	58.5	61	63.5	66	2.5

三、休闲裤制板步骤

1.休闲裤结构图（图9-2）。

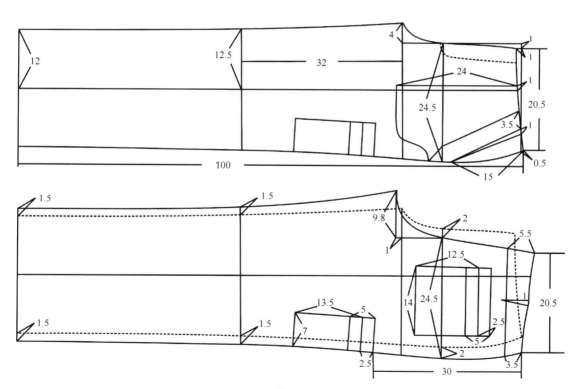

图 9-2 休闲裤结构图

2.休闲裤腰头、串带、后中串带结构图（图9-3）。

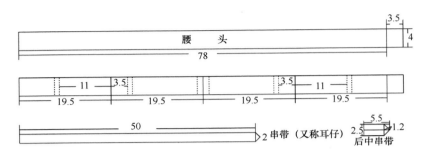

图 9-3 休闲裤腰头、串带、后中串带结构图

四、样板处理

如图9-4、图9-5所示，后贴袋和侧贴袋上口缝份量3cm，前片和后片裤口线缝份量4cm，串带不用加缝份量。其他部分缝份量统一为1cm。

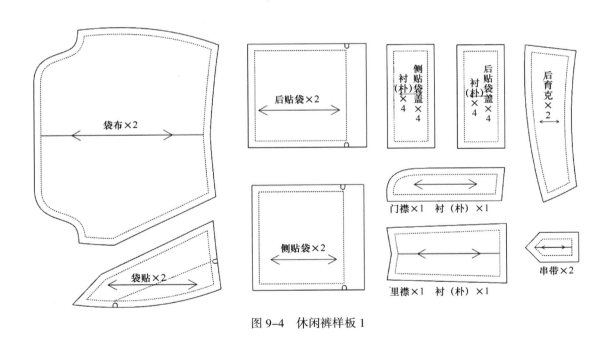

图 9-4 休闲裤样板 1

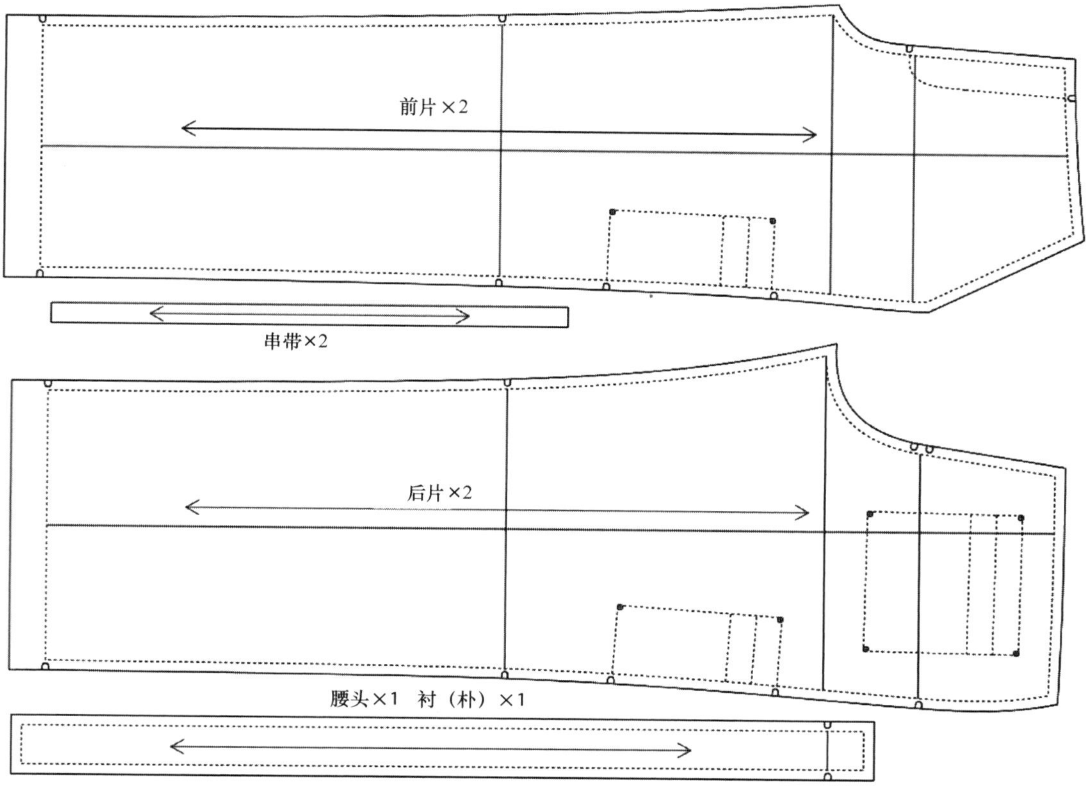

前片×2

串带×2

后片×2

腰头×1　衬（朴）×1

图 9-5　休闲裤样板 2

第二节　休闲衬衫

一、休闲衬衫款式效果图（图 9-6）

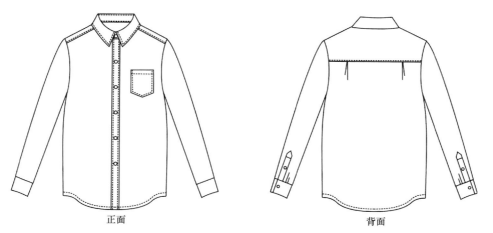

正面　　　　　　　　　　　　　　　背面

图 9-6　休闲衬衫款式效果图

二、休闲衬衫规格尺寸表（表9-2）

表9-2　休闲衬衫规格尺寸表　　　　　　　　　单位：cm

部位＼号型	S	M(基础板)	L	XL	档差
	165/86A	170/90A	175/94A	180/98A	
衣长	71	73	75	77	2
肩宽	45.8	46	47.2	48.4	1.2
胸围	102	106	110	114	4
摆围	104	108	112	116	4
袖长	56.5	58	59.5	61	1.5
袖肥	41.4	43	44.6	46.2	1.6
袖口	27	28	29	30	1
领围	40	41	42	43	1

三、休闲衬衫制板步骤

1.袖子、领子、袖衩、袖克夫结构图（图9-7）。

2.休闲衬衫结构图（图9-8）。

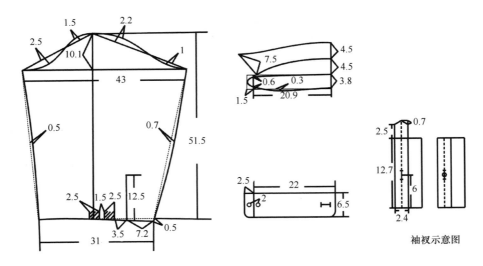

图 9-7　袖子、领子、袖衩、袖克夫结构图

注：扣眼的长度1.5cm，离袖克夫外边线间距1.2cm。

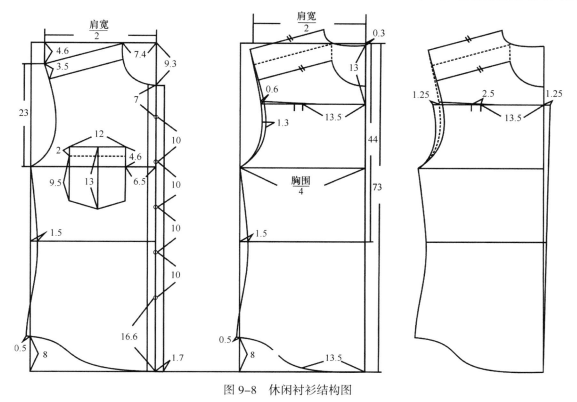

图 9-8　休闲衬衫结构图

四、样板处理

1.前片袖窿弧线和侧缝线、后片和后育克袖窿弧线、袖子前侧缝线缝份量0.6cm（图9-9）。

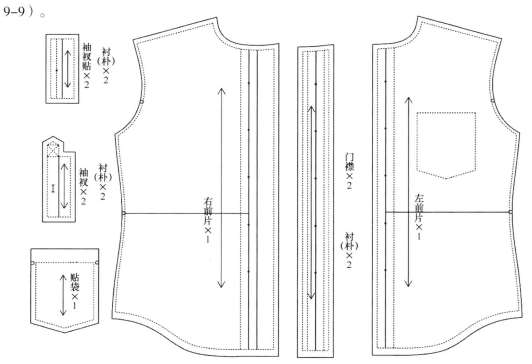

图 9-9　休闲衬衫样板 1

2.后片侧缝线和袖子后侧缝线、左前片、右前片、门襟和后片下摆线缝份量1.5cm（图9-10）。

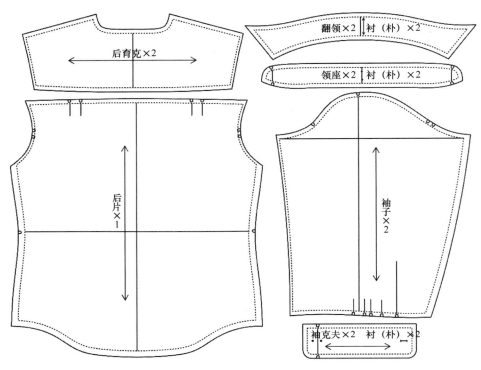

图 9-10　休闲衬衫样板 2

第三节　休闲西装

一、休闲西装款式效果图（图 9-11）

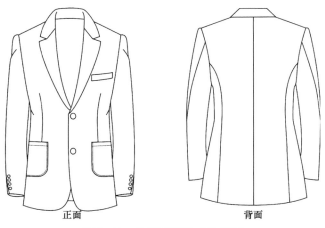

正面　　　　　　　　　　背面

图 9-11　休闲西装款式效果图

二、休闲西装规格尺寸表（表9-3）

表9-3　休闲西装规格尺寸表

单位：cm

部位 \ 号型	S	M(基础板)	L	XL	档差
	165/86A	170/90A	175/94A	180/98A	
衣长	73	75	77	79	2
肩宽	44.8	46	47.2	48.4	1.2
胸围	102	106	110	114	4
腰围	92	96	100	104	4
摆围	108	112	116	120	4
袖长	58.5	60	61.5	63	1.5
袖肥	36.9	38.5	40.1	41.7	1.6
袖口	28	29	30	31	1

三、休闲西装制板步骤

如图9-12、图9-13所示，画好休闲西装结构图。

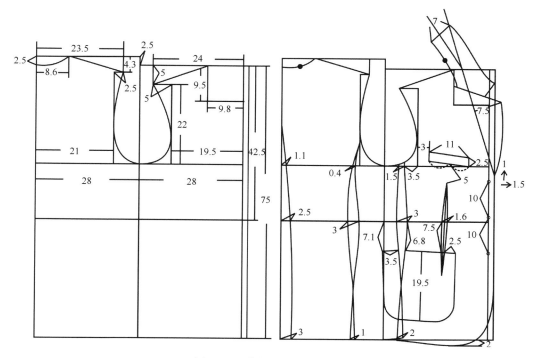

图 9-12　休闲西装结构图 1

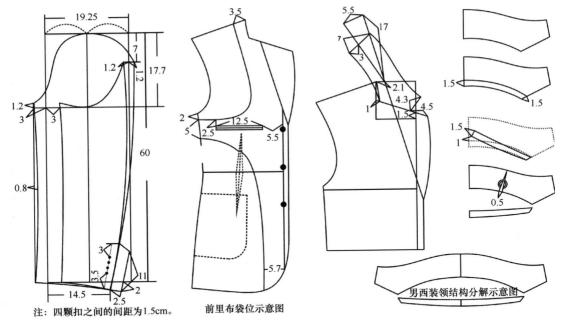

注：四颗扣之间的间距为1.5cm。

前里布袋位示意图

男西装领结构分解示意图

图 9-13　休闲西装结构图 2

四、样板处理

如图9-14～图9-16所示，后片、侧片、前片下摆线和大袖、小袖袖口线缝份量3.8cm。其他部位缝份量统一为1cm。

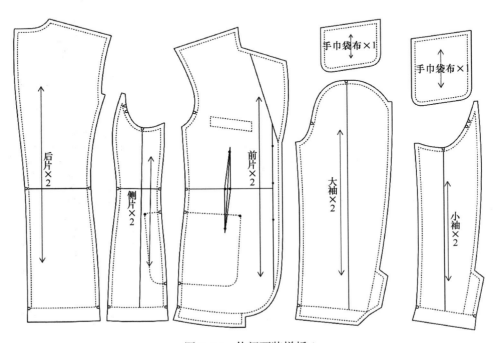

图 9-14　休闲西装样板 1

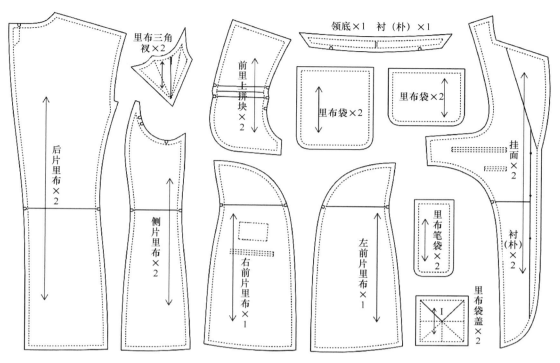

图 9-15 休闲西装样板 2

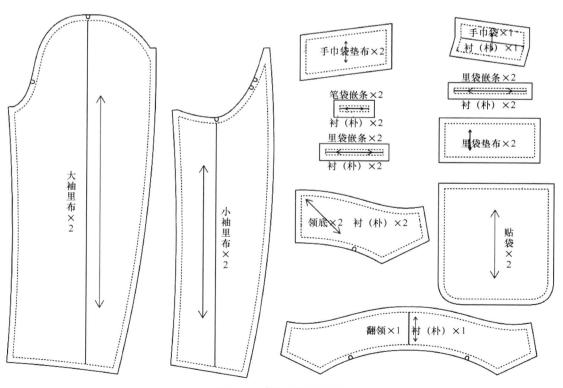

图 9-16 休闲西装样板 3

第四节　休闲夹克

一、休闲夹克款式效果图（图9-17）

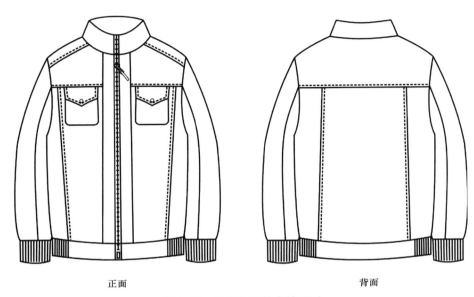

正面　　　　　　　　　　　　　　背面

图9-17　休闲夹克款式效果图

二、休闲夹克规格尺寸表（表9-4）

表9-4　休闲夹克规格尺寸表　　　　　　　　单位：cm

部位 ＼ 号型	S	M(基础板)	L	XL	档差
	165/86A	170/90A	175/94A	180/98A	
衣长	64	66	68	70	2
肩宽	49.5	50	51.5	53	1.5
领围	45.8	47	48.2	49.4	1.2
胸围	112	116	120	124	4
摆围（拉开）	112	116	120	124	4
袖长	58.5	60	61.5	63	1.5
袖肥	46.4	48	49.6	51.2	1.6
袖口	20	21	22	23	1

三、休闲夹克制板步骤

如图9-18、图9-19所示，画好休闲夹克结构图。

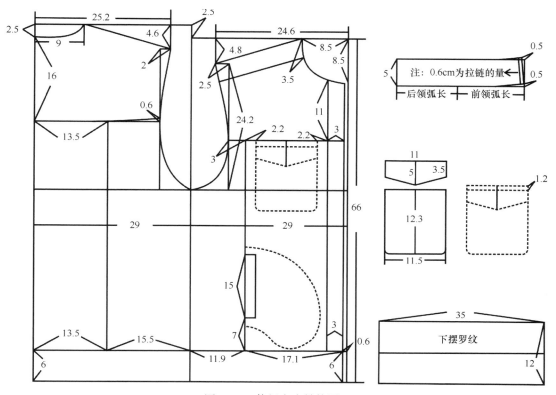

图 9-18　休闲夹克结构图 1

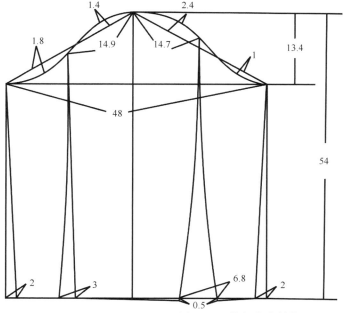

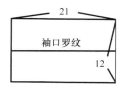

图 9-19　休闲夹克结构图 2

四、样板处理

如图9-20~图9-22所示，所有缝份量统一为1cm。

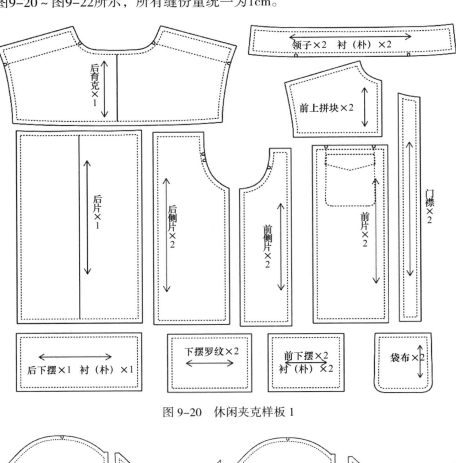

图 9-20　休闲夹克样板 1

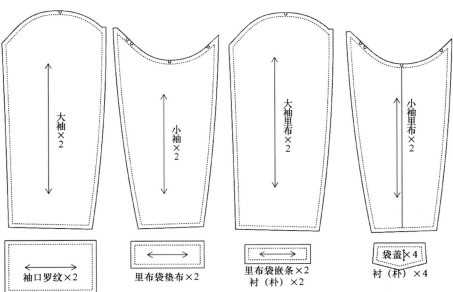

图 9-21　休闲夹克样板 2

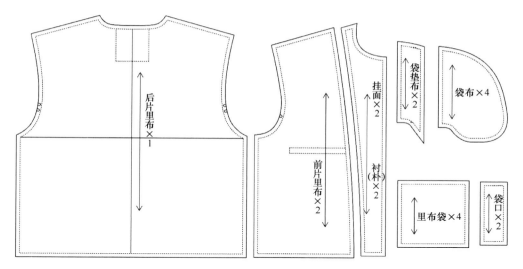

图 9-22　休闲夹克样板 3

第十章　备赛指导

　　为充分展示职业教育改革发展的丰硕成果，促进职业院校与行业企业的产教结合，国家教育部联合天津市人民政府、人力资源和社会保障部等国家部委每年7月在天津市举办全国职业院校技能大赛。通过全国职业院校技能大赛中职组服装设计制作竞赛举办，职业院校从办学、示范校建设和课程改革等多方面得到启迪。技能大赛应具有更加完善的价值取向，在比赛内容和比赛形式的设置上体现对职业能力的考评与检阅，以此推动校企合作、工学结合，引领中职服装学校进一步深化教育教学改革。过去的职业教育总是跟着行业走，近几年，通过全国职业院校技能大赛的推动，职业教育起到了引领行业的先锋作用。举办职业院校技能大赛，是职业教育工作的一项重大制度设计与创新，也是培养、选拔技能型人才并使之脱颖而出的重要途径。因此，技能大赛的价值取向在很大程度上引导着职业教育改革和发展的方向。

　　"以赛促教、以赛促学、突出学生创新能力和实践动手能力培养，提升学生职业能力和就业质量"已经成为全国职业院校积极参加竞赛的良好愿景，本章提出了一些建议性训练方法以供参考，包括在备赛过程中如何组织，如何选拔备赛选手，如何对备赛选手进行模块化训练；如何培养备赛选手心理素质；参赛时如何管理好学生的日常生活等问题。

第一节　项目模块化教学

　　每届全国总决赛结束之时，全国各中职服装学校就要开始着手下一届大赛的备赛准备了。做好备赛准备工作，已经成为各中职服装学校的首要工作。

一、针对大赛竞赛项目，调整专业课程教学方式

　　针对大赛比赛项目，将以往的单科式教学方法，转向项目化模块课程教学模式。通过项目模块化教学，提升整个班级学生的创新能力和实践动手能力。

1. 项目模块化教学结构

（1）知识结构

①掌握服装设计基本知识、服装设计工作流程、服装结构造型设计原理与方法。

②掌握服装材料、服装工艺缝制知识。

③掌握服装工业制板的工作原理、推板规则。

④掌握Windows操作系统的使用方法以及计算机基础知识。

⑤掌握服装设计知识，能借助Coreldraw、Photoshop、Illustrator等常用软件进行服装设计。

⑥掌握服装制板知识，能借助服装CAD软件熟练进行服装结构设计、放码、排料。

⑦掌握服装生产、技术管理的知识。

⑧掌握服装机械使用和维护保养知识。

⑨掌握服装营销、市场预测等方面的知识。

⑩掌握服装常用英语词汇达到4000左右，掌握基本语法，能进行一般的阅读与表达。

（2）能力结构

①具有人体测量、成衣放松量设计、不同风格时装成衣规格尺寸制定能力。

②具有鉴别服装材料的能力。同时，能根据面料的颜色和质地性能进行服装款式设计。

③能独立处理不同款式的服装结构变化，具有手工制板和服装CAD制板、出样能力。

④具有编写工艺制单、工艺指导、组织生产、管理的能力。

⑤具有参与服装流行预测和服装销售的能力。

⑥具有根据服装流行趋势设计构思成衣的能力。

⑦具有各种设计软件进行服装款式设计绘图的能力。

⑧具有手绘效果图和款式图的能力。

⑨具有较强的自学能力、适应能力、组织管理能力和社交能力。

⑩具有分析和解决问题的能力、获取信息的能力和创新能力。

（3）素质结构

①热爱祖国，遵纪守法，团结协作，爱岗敬业。

②树立服务质量第一的思想，具有良好的职业道德。

③热爱所学专业，有良好的职业兴趣素质。

④有良好的职业意识素质和职业情感素质。

⑤勤于实践，有良好的创新意识和奉献意识。

⑥具有良好的心理防御系统，能够抵御外界的不良干扰和一定的心理承受能力。

⑦具有健康的体魄，美好的心灵和健康的审美观。

⑧具有自我减压的能力，能够调整好自己的心理和学习状态。

⑨具有不怕吃苦的精神，乐于专业技术学习。

⑩具有钢铁般意志力。

2.通过以下职业岗位进行项目模块化教学

①服装设计岗位（如：服装设计师、设计助理等）。

②服装制板岗位（如：服装打板师、打板助理等）。

③服装推板岗位（如：推板师、服装CAD放码师等）。

④服装排料岗位（如：排料师、面料预算员等）。

⑤服装缝制岗位（如：流水缝纫工、整件样衣工等）。

⑥服装成衣开发岗位（如：整件样衣工、服装工艺员等）。

⑦服装品质控制与管理岗位（如：服装QC、服装跟单员等）。

⑧服装色彩搭配与服饰陈列岗位（如：服装色彩搭配师、服饰陈列师等）。

⑨服装生产管理岗位（如：服装生产车管理人员等）。

⑩服装营销岗位（如：服装营销人员、服装营业员等）。

二、项目模块化教学方式

1. 项目模块化教学对学生的知识、能力、素质结构开发（表10-1）。

表 10-1　项目模块化教学对学生的知识、能力、素质结构开发对照表

名称	模块单元		单元模块应具有的知识、能力、素质结构				
基本素质模块	公共模块	政治、思想、职业道德	树立正确的人生观、价值观、良好的职业道德	具有良好的语言表达能力及中文应用写作能力	掌握英文基本语法，能进行一般的阅读与表达	掌握计算机使用方法和相关知识	具有良好的身体素质，体能达到国家规定的相应标准
		语文、英语、体育					
		现代信息技术基础					
		心理健康教育					
	专业模块	中外服装史	掌握中外服装历史，具有健康的审美观	掌握服装基础理论知识	具有阅读专业英文资料的能力	掌握服装营销管理方面的知识	掌握市场预测方面的知识
		服装市场营销					
		服装专业英语					
专业基础模块	造型模块	服装素描	具有对人物动态及服装的概括、提炼、画面组织、形体塑造能力	了解服装制板的基本原理和方法，具有人体测量能力	掌握服装结构设计的基本知识和服装工艺基础	具有熟练手绘规范绘制服装效果图及款式图的能力	掌握服装机械设备的使用方法。具有熟练制作各类服装部件的能力
		人物动态速写					
		时装画技法					
	设计基础模块	服装制板基础					
		服装色彩					
		服装工艺基础					
		服装机械设备使用					
专业技能模块	女装模块	女装款式设计	具有熟练使用Photoshop/CoreldraW等设计软件绘制图稿的能力	具有鉴别服装材料的能力	具有根据服装流行趋势设计构思成衣的能力	具有女装设计、制板、制作的能力	具有立体裁剪制作服装的能力
		女装工业制板					
		女装工艺制作					
		电脑辅助设计					
		女装立体裁剪					
	男装模块	男装款式设计	掌握男装设计的知识和工作原理	掌握男装制板的知识和工作原理	掌握男装制作的知识和工作原理	具有男装设计、制板、制作的能力	具有较强的自学能力、适应能力和社交能力
		男装工业制板					
		男装工艺制作					
		男装立体裁剪					

续表

名称	模块单元		单元模块应具有的知识、能力、素质结构				
专业技能模块	童装模块	童装款式设计	掌握童装设计的知识和工作原理	掌握童装制板的知识和工作原理	掌握童装制作的知识和工作原理	具有童装设计、制版、制作的能力	具有较强的自学能力、适应能力和社交能力
		童装工业制板					
		童装工艺制作					
		童装立体裁剪					
	训练模块	服装款式设计与企划	具有服装品牌策划和产品开发陈列、展示能力	掌握服装生产管理知识,具有组织生产的能力	具有借助计算机熟练进行服装结构设计	具有服装生产成本核算、定价、工艺单编制的能力	具有较强的组织管理能力
		服装工业制板					
		服装成衣缝制					
		服装CAD					
		服装生产管理					
	顶岗实习	毕业设计作品制作	具有良好的沟通与协调沟通能力	具有分析和解决问题的能力	具有获取信息的能力和创新能力	热爱服装职业,爱岗敬业	通过国家职业资格证(三级)考试
		企业见习					
		顶岗实习					
		毕业实习					

2. 项目模块化教学主干课程教学目的与参考学时对照（表 10-2 ）。

表 10-2　项目模块化教学主干课程教学目的与参考学时对照表

序号	主干课程名称	教学目的	参考课时	
			理论	实践
1	服装美术基础	本课程着重培养学生的服装美术观察能力、表现能力、想象能力和创造能力。通过服装素描训练,提高学生观察理解和认识物象的本领,培养学生准确概括和整体描绘对象的能力。情感表达的形式美规律,提高服装美术修养和审美水平	44	68
2	服装画	本课程着重培养学生对服装款式图的造型能力,了解人体与服装的关系、时装画的技法表现及各种服装材料的表现方法,注重培养学生的创造性思维与技法表现能力	20	52
3	服装材料	本课程着重培养学生掌握服装面料和辅料的分类、品种和性能以及面辅料对服装设计与使用的影响;了解服装材料的检测、分析了解方法掌握服装材料的选择和使用方法;了解服装材料的发展趋势,为学生在未来从事服装工作打好基础	40	20
4	时装画技法	本课程着重培养学生服装绘画能力,掌握好人物的形体比例,解剖结构,动态的由来规律,动作的变化特征,掌握服装与人体关系,服装款式的基本体现,掌握各种绘画手法及表现技法。通过专业化的指导和丰富的设计实例来帮助学生绘制成衣及高级服装的技法,从而激发学生的艺术灵感,成为他们设计服装的帮手	30	66
5	成衣款式设计	本课程着重培养学生服装设计的基本原理与技术,包括服装的造型设计原理、服装设计的创作思维、服装设计面料与色彩以及各类服装的设计技术等,以及时装款式流行规律和预测、服装信息的收集与分析方法等。通过利用服装设计理论、结构设计法则和各类服装的设计方法及要求,结合市场状况和流行趋势预测,进行不同种类风格的成衣设计训练,在设计中充分考虑服装工业生产的特性,注重样板和工艺的结合,即作品向产品的转变,能够把设计的意图转化为实物,设计出符合消费要求的服装	30	84

续表

序号	主干课程名称	教学目的	参考课时	
			理论	实践
6	服装结构制图	本课程着重培养学生掌握服装结构设计的基本原理、变化方式和基本技能。通过本课程的学习，使学生了解人体与服装结构的变化规律，了解各种服装款式间的结构区别与联系，使学生能依据服装款式及材料的特点较熟练地掌握一般上、下装的制板方法，具备独立完成成品制板的能力	30	84
7	服装工业制板	本课程通过理论学习与实践训练，使学生能独立制作出符合工业生产要求的样板，并能推出不同号型服装的工业样板，使学生了解服装工业纸样的规范与制作过程，掌握服装工业纸样制作与缩放的基本方法和技巧，使学生能依据服装款式及材料的特点较好地掌握各类服装款式的纸样设计，以适应企业对服装技术人才实用性的需求	30	110
8	服装缝制工艺	本课程着重培养学生了解服装缝制设备使用和保养，服装缝制工艺的技术规程，服装生产工艺流程等知识。并通过裙子工艺、裤子工艺、衬衫工艺、女式西服工艺的学习，使学生系统地掌握制作工艺的内在规律，掌握各类服装及部件的缝制方法、步骤、技巧以及各种面辅料搭配的工艺应用，具有缝制各种服装的能力	20	112
9	电脑辅助设计	本课程通过对电脑辅助设计软件Coreldraw、Photoshop、Illustrator的学习，使学生能熟练掌握图像处理、图像合成、图形绘制等电脑操作技术进行服装款式图与效果图的表达	30	55
10	服装CAD	通过本课程学习，使学生系统掌握服装CAD技术的主要操作技能，熟练掌握服装衣片结构设计、推板及排料等操作技能；能借助辅助设计系统快速、准确地进行服装CAD工业样板设计。培养学生利用计算机进行服装设计制作的能力。掌握利用计算机进行样板的服装结构设计、工业制板及放码、排料等操作	30	55
11	服装营销	通过本课程学习，使学生树立现代营销观念，较系统掌握服装营销管理的基本理论，为培养能运用现代营销策略的管理人才奠定基础。要求学生掌握服装营销管理的基本理论、现代服装电子商务、物流管理知识。并在学习过程中参与服装市场调查研究和案例讨论，以提高服装营销能力	20	56
12	服装质量管理	通过本课程的学习，使学生了解服装品质管理的基本知识。掌握服装成衣检验、服装质量控制、企业质量管理流程、服装订单工艺文本的编制、客户对供应商的评估、质量成本管理、质量统计工具、全面质量管理的基本管理理念及管理方法	25	40
13	服装生产管理	通过本课程的学习，要求学生了解生产计划的制定、工艺单制定、质量与检验、成本分析的方法。要求学生掌握裁剪工艺、缝制工艺、整烫工艺、包装工艺等整个服装生产流程相关技能。课程内容以质量管理为中心，突出生产过程管理和生产现场管理	25	40
14	服装色彩与图案设计	通过本课程的学习，训练学生掌握服装色彩和图案设计的基本概念和规范，提高学生审美能力和实践表达能力，把握服装色彩的流行趋势。让学生掌握色彩三要素之间的关系及色彩规律，了解服装色彩的特性以及服饰色彩的对比与调和。熟悉服饰色彩的审美形式原则，能根据服装造型特点和色彩的心理、感情作用充分发挥想象力，熟练运用色彩美的各种方法大胆进行服装配色。加强现代审美感，把握流行色彩的时代脉搏，确立服饰色彩的流行意识	26	52
15	服装立体裁剪	通过本课程的学习，让学生掌握立体裁剪的构思和方法，掌握立体裁剪的操作技能，了解服装与人体的关系，加深对人体结构的认识和对平面结构知识的理解，掌握平面裁剪与立体裁剪的关系和区别。能运用立体裁剪技术进行服装款式设计和结构设计	20	60

续表

序号	主干课程名称	教学目的	参考课时 理论	参考课时 实践
16	服装英语	服装英语是针对已完成基础英语课学习后的服装工程和设计专业学生，结合本专业内容而开设的一门外语课程。通过巩固和提高英语的听、说、写能力，使学生掌握阅读服装专业的英文资料和一般服装英语资料的能力	52	
17	服装陈列	通过本课程的学习，让学生了解服装陈列、服装店铺、服装卖场、服装会展展示设计的应用知识。使学生掌握有关服装展示的多类手段、相关原理和方法，引导学生综合理解服装展示空间的功能区分和类别，以及在平面、空间、动态上的多种展示方式，培养学生根据不同要求和条件进行服装陈列展示构想、创意、表现的系统设计能力与协作能力	25	50
18	服装概论	通过本课程的学习，让学生了解服装的基本概念和基本性质，服的发展、构成、设计的基础内容，再以现代服装产业为核心展开对其他学科的探讨。通过学习促进服装学生对服装概论有各全面的认识和理解，要求学生能很好的应用于实践，并能综合运用理论知识分析和解决实际问题	52	

三、项目模块化教学优势

1.传统模式教学与项目模块化教学优势与区别对照（表10-3）

表10-3 传统模式教学与项目模块化教学优势与区别对照表

序号	传统模式教学	项目模块化教学
1	以教学任务为中心	以学生为中心
2	目的在于传授知识和技能	目的在于运用已有技能和知识
3	以老师教为主，学生被动学习	学生在老师的指导下主动学习
4	学生听从老师的指挥	学生可以根据自己的兴趣做出选择
5	外在动力十分重要	学生的内在动力充分得以调动
6	老师挖掘学生不足点以补充授课内容	老师利用学生的优点开展活动式教学
7	不能与现实生活紧密联结	能与现实生活紧密联结
8	不能培养学生的多种能力	能培养学生的多种能力
9	容易产生厌学情绪	有主动学习的热情
10	不能获取职业综合技能	能获取职业综合技能

2.实施项目化模块教学对备赛和教学质量提升的意义

（1）通过实施项目模块化教学，方便选拔备赛选手。

通过项目模块化教学二个月后，可以对全校（或全班级）服装专业学生进行模拟大赛选拔。选拔一组优秀的学生进行针对大赛竞赛项目强化训练。这样更有获得好名次的把握。

（2）通过实施项目模块化教学，让备赛选手集训与正常上课两不误。

用传统的教学模式，容易出现"精英式教育"和实训备赛选手不能正常上课等问题，通过实施项目化教学，可以让实训备赛选手与其他同学一起上课学习和实训。这样可以激发备赛选手更加主动的学习热情。国家举办大赛的目的就是促进职业教育课程和体制的改革，通过实施项目模块化教学，不仅可以训练选手，同时，也将整体教学质量得到提升。

（3）通过实施项目模块化教学，全面培养学生多种能力。

项目模块化教学目的在于培养学生的自学能力、观察能力、动手能力、研究和分析问题的能力、协作和互助能力、交际和交流能力以及生活和生存的能力。每个项目团队中的学生成员可按个性和能力特征向不同知识和能力结构发展，实现个性化、层次化培养目标。因此，项目模块化教学法不仅完成了能力目标的教学，也能完成做人目标的培养。

（4）为专业技能教育服务。

打破传统的学科体系，实施项目模块化教学法，不再呆板的强调学科自身的系统性、完整性，而更注重知识的行业性、实用性和各种知识的联系性，并要较好解决基础课为专业课服务之间的关系及专业理论知识为技能教育服务。

（5）完全模拟企业生产运作模式，进行项目化的教学。

在教学实施过程中，模拟服装企业生产运作，通过项目模块化教学流程改成：款式图构思与设计→服装样板制作（包括手工或服装CAD进行样板制作、立体裁剪）→样衣缝制→模特试穿看效果→修改样板并重新缝制样衣→编制工艺制单（生产技术文件的编制）→生产准备→裁剪工艺→缝制工艺→验熨烫工艺→成品检验→整理包装与储运，以此更贴近企业工业化生产流程。经过同种形式的循环练习，不仅锻炼了学生动手能力，掌握了缝制技能及专业理论，而且有助于提高学生的分析、应变和解决实际问题的能力。同时培养了学生团队协作精神，增强学生适应企业需求的能力。

（6）通过实施项目模块化教学，推动教学改革。

项目化模块教学的引用可以帮助教师实施整体教学，推动教研教改及课程设置改革。项目活动的实行要求教师灵活掌握时间，仔细观察每个学生的学习进展及兴趣发展，掌握每个学生的特点并相应提出或设计出既发展个性又注重全面平衡的教与学方案。

第二节　选手技能模块化训练

技能模块化训练的出发点在于用最短的时间和最有效的方法促使学生运动技能的形成。为了最优化地达到模块的教学目标，在一个模块里应该根据可能安排不同的教学方式（如讲课、练习、实操训练、研讨会等）进行混合。就服装设计制作模块化教学，要涉及服装专业教学的所有授课教师，学校应该就模块的内容及组织共同商讨决定。通过协调完成整个模块化教学。针对全国职业院校技能大赛中职组服装设计制作竞赛项目，进行技能模块化训练是让选手快速提升应赛能力。本节主要针对全国中职组服装设计制作竞赛项目中的服装CAD制板技能模块训练以供参考。

服装样板设计技能实训模块训练

1. 实训时间：3小时

2. 实训举例款式（图10-1）

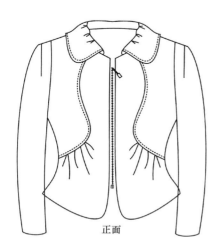

正面　　　　　　　　　　　　　背面

图10-1　实训举例款式图

3. 实训要求

（1）根据实训举例款式造型利用大赛指定的富怡服装CAD软件V8版本进行纸样设计。

（2）分别绘制出结构图、净样板、毛样板（已经加过缝份量的样板）、部件样板（里布样板、衬布样板等）、工艺样板（扣位样板、实样等）。

（3）样板设计要体现省量转换过程，省量合配合理，转省处理和衣身结构平衡处理合理。

（4）制图符号符合国家标准，对位记号标示准确。

（5）样板裁片名称、数量、成衣规格列表、工艺说明等书写准确。

（6）样板结构线条运用规范合理，条线顺畅。

（7）剪口、对位刀眼、对位记号标注清楚，符合工业生产要求。

（8）布纹线标注正确，缝份量加放符合工业生产要求。

（9）利用服装CAD进行放码，放码档差设计合理，各部位档差分配合理。

（10）利用服装CAD进行排料，排料图符合工业生产排料要求，且要达到省料的标准。

4. 实训操作建议

在进行服装CAD制板实操训练前，建议中职学校先进行一个月左右的手工制板训练后，再进行服装CAD技能实操训练。在进行服装CAD实操训练时，首先针对富怡服装CAD软件V8版本的常用工具功能与操作训练一周，再进行一周文化式女装上衣新原型训练后；方可进行服装CAD样板设计训。

5. 实操训练

（1）首先设置号型规格表（表10-4）。

表 10-4　时装外套规格尺寸表　　　　　　　单位：cm

号型 部位	S 155/80A	M(基础板) 160/84A	L 165/88A	XL 170/92A	档差
衣长	54.5	56	57.5	59	1.5
肩宽	37	38	39	40	1
领围	48	49	50	51	1
胸围	88	92	96	100	4
腰围	72	76	80	84	4
摆围	84	88	92	96	4
袖长	56.5	58	59.5	61	1.5
袖肥	30.8	32.4	34	35.6	1.6
袖口	25	26	27	28	1

（2）利用富怡服装CAD软件绘制好文化式女装上衣新原型（图10-2）。

（3）在女装上衣新原型基础上绘制样板结构图（图10-3）。

（4）利用富怡服装CAD软件处理好样板（图10-4）。

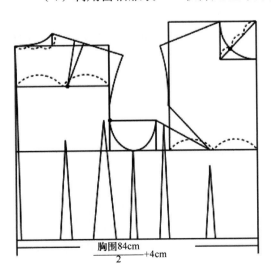

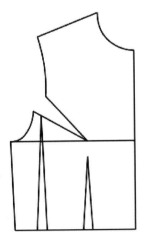

$\dfrac{胸围84cm}{2}+4cm$

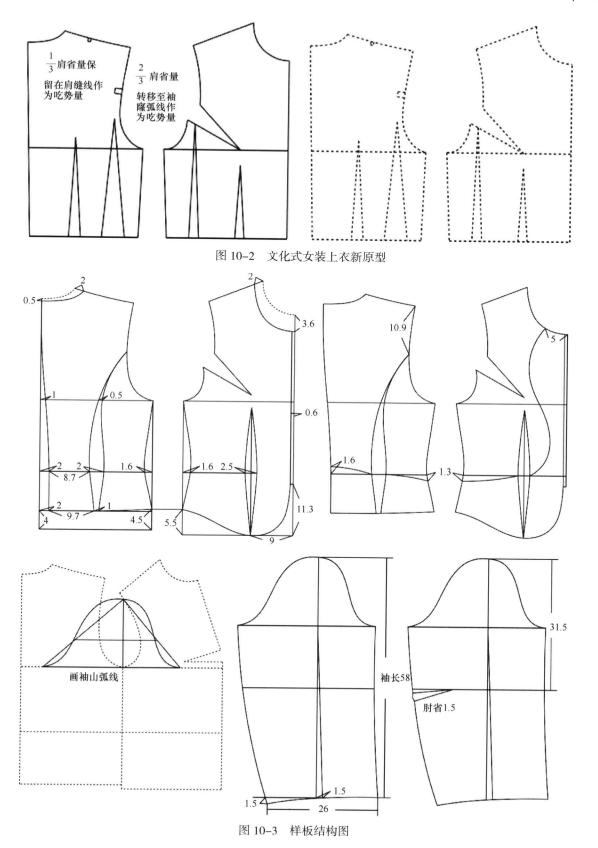

图 10-2　文化式女装上衣新原型

图 10-3　样板结构图

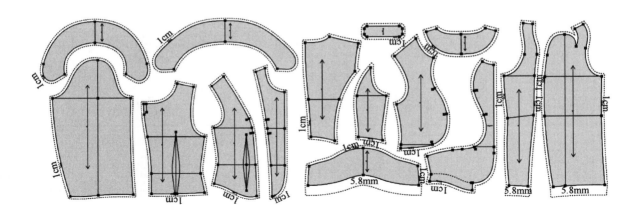

图 10-4 加缝份

第三节 选手心理素质训练

技能竞赛不仅是技术的较量,还是心理素质的抗衡。竞赛选手心理训练因素对比赛的影响较大，竞赛选手不仅要有夯实的专业技能和文化素质,还要有良好的心理素质。近几年，全国职业院校技能大赛中职组服装设计制作竞赛，好多选手在比赛和训练中的心理表现和心理水平还有待解决问题。因此，如何培养良好心理素质的选手也是各参赛院校的必须考虑的问题。

一、建立良好的应赛心理防御系统

建立良好的心理防御系统对维护个体心理健康有重要作用。对常见的心理应对与调节的反应方式、对备赛选手心理应对与调节的策略等方面进行了分析探讨。对备赛选手心理健康教育、心理辅导、心理咨询与治疗工作，以及备赛选手发挥自身心理防御机制的积极能动因素，转化和克服消极被动因素有重要现实意义。

1. 培养良好的心理素质

选手赛前的心理训练准备对创造优异成绩具有显著作用，只有充分作好赛前的心理准备，才能在比赛中更好地发挥个人潜能，争取比赛胜利。否则，赛前无心理准备必然容易造成混乱局面，这就不可避免地要导致失败的后果，赛前的专业技能训练期间必须插入一些心理素质训练。

2. 模拟竞赛练，增加选手应赛的心理素质

在平时集训中，选手好多没有心理和时间上的压力。学校可以每周采取一次模拟竞赛，让选手完全处于竞赛的状态。一些心理素质差的选手往往会出现不同程度的紧张，影响比赛正常发挥，模拟竞赛就是在赛前的训练中加入模拟竞赛练习，并在练习中让全校（全班级）所有服装专业学生一同参加竞赛，让备赛选手对模拟竞赛中所发生的问题做好充足的准备，经过反复练习使其心理得到适应，减少失误概率。

3. 多鼓励备赛选手，树立赛选手自信心训练

教师在训练备赛选手期间，要多鼓励、多表扬、多指导、多帮助、多关心备赛选手。在备赛训练中选手选择何种水平的成绩作为自己比赛目标，这在比赛中是一个很重要的问题。经常让备赛选手体验到训练的成功感，是增强备赛选手心理能量储备提高专业技能行之有效的方法。辅导教师要根据每位备赛选手的自身情况出发，制订一个合理的比赛目标，通过训练给选手树立一个必胜的信心。

4. 树立备赛选手拥有平常备挫的心态

目睹了好多选手在看到自己没有赛出好的成绩时，伤心痛哭、绝食、身心崩溃等极端行为，其实从某种意义上讲，这也是因为好多教师在辅导学生只侧重进行备赛的技能训练，而忽视了备赛选手如何有一颗平常的心态去面对挫折和失败。通常一个人身处顺境时，是很难看到自身的不足和弱点。唯有当他遇到挫折和失败后，才会反省自身，弄清自己的弱点和不足，以及自己的理想、需要同现实的距离，这就为其克服自身的弱点和不足、调整自己的理想和需要提供了最基本的条件。

当选手没有赛出理想的水平，辅导老师不要责怪学生，这时要更加关心学生。更要帮助学生认真分析参赛失败的原因，了解挫折产生的原因，以便在下一届赛前训练中，正确地采取应对的方法。帮助学生树立"退一步会海阔天高"备挫心态。让学生姿态高一些，眼光远一点，从长计议，不在一时一事上论长短。

二、赛前心理调适训练

每年7月份全国各地的选手经过长途跋涉赶到天津市或南通市。其实选手一到赛场从生理、心理上已经完全投入到比赛中。可有些选手由于心理准备不充分赛前紧张。常常表现为情绪不稳定过度紧张，生理过程变化异常，呼吸急促、心率加快、血压上升，失眠等。以上现象直接影响选手水平的正常发挥。这时必须给选手建立信心，不受外界干扰，注意力高度集中，更好的控制赛前心理。解除紧张情绪、加强心理调节。辅导老师可以带选手去竞赛场地适应场地和比赛气氛。

1. 明确比赛目的，端正比赛态度

赛前如果比赛目的不明确，缺乏应有的责任感便会信心不足斗志不强，遇到困难畏缩害怕，心神不安。比起赛来便会紧张失常，技能不能充分发挥，选手只有明确比赛任务的深远意义才会加强责任感。知己知彼掌握客观情况，提高应变能力，发挥勇猛顽强的拼搏精神，才有可能战胜困难。

2. 过度紧张的预防

在面临比赛时选手产生过度紧张的现象是多种多样的。这些选手本人是可以感觉到的，同时辅导教师也可以观察到。辅导教师集中选手讲解缓解赛场上情绪紧张的对策。

3. 赛前心理减压训练

辅导教师要分析和理清选手产生压力的诱发因素。找到了产生压力的根源后，就知道如何下手去解决问题，这样反而可以把压力变成正向的积极因素。其次要帮助选手调整认知，启发引导他们看淡名次，要学会把参加大赛仅仅当成是一次比赛，甚至当成是平时的训练。辅导教师可以通过一些互动的游戏缓解选手的心理压力。最后要让选手正视失败，虽然平时训练要有自信，但也得有正视失败的心理准备，当选手能平静地面对失败时，还有什么心理压力呢！反而能够轻松上阵。

三、竞赛技巧传授，让选手拥有必胜的信心

辅导教师要集中参赛选手讲解一些竞赛技巧和方法。例如：要让选手不要一进考场就开始应赛。首先要看清竞赛项目的比赛规则、赛题要求，特别是服装CAD样板制作的竞赛，有选手一看到比赛的款式，不加任何思考就开始运用服装CAD进行样板设计，却不考虑是收省还是转省分割处理更好。当样板制作一半时，却发现自己的衣身平衡和省量没有处理好，又重新开始进行样板设计，结果因为时间来不及，而没有赛出好成绩。所以，在赛前辅导教师要集中参赛选手讲解一些应赛技巧，让选手拥有必胜的信心。

在全国性的专业竞赛中，心理训练作用越来越得到重视。只有尽快掌握心理训练的手段和方法，才能更好地发挥选手的潜能。同时辅导教师在平时训练中要更多的了解选手的个性。形成一定的心理默契，为心理训练打下良好的基础。让选手掌握夯实的专业技能和保持良好的心理素质，是获得决赛好成绩的保障。

第四节　历届大赛款式介绍

本节收集了2007~2012年，全国职业院校技能大赛中职服装设计制作竞赛款式图。

一、2007 年竞赛款式（图 10-5）

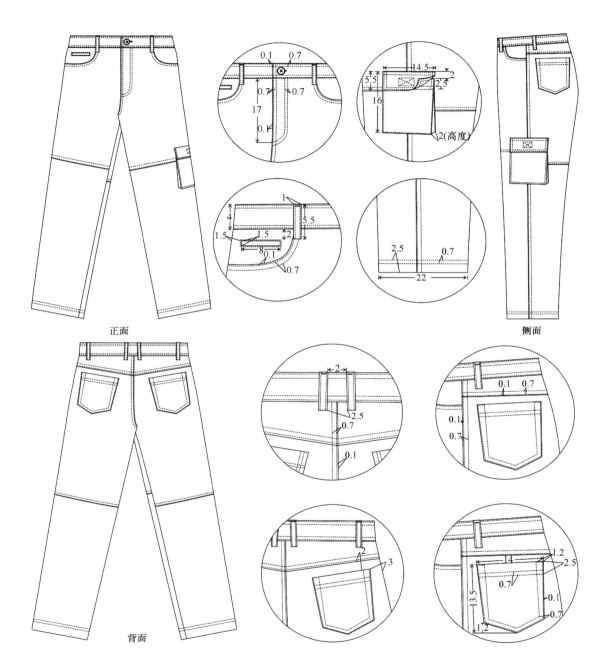

图 10-5 2007 年竞赛款式

二、2008 年竞赛款式（图 10-6）

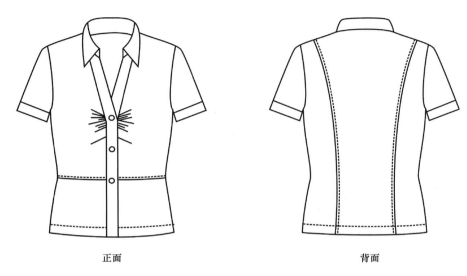

正面   背面

图 10-6   2008 年竞赛款式

三、2009 年竞赛款式（图 10-7）

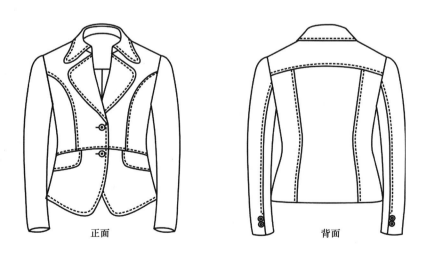

正面   背面

图 10-7   2009 年竞赛款式

四、2010 年竞赛款式（图 10-8）

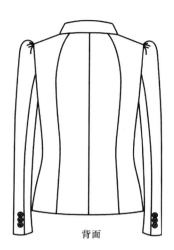

正面　　　　　　　　　　　　　　　背面

图 10-8　2010 年竞赛款式

五、2011 年竞赛款式（图 10-9）

正面　　　　　　　　　　　　　　　背面

正面　　　　　　　　　　　　　　　背面

图 10-9　2011 年竞赛款式

六、2012 年竞赛款式（图 10-10）

 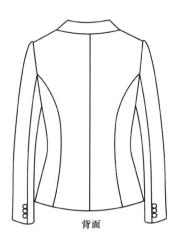

正面　　　　　　　　　　　　　　　背面

图 10-10　2012 年竞赛款式

七、2013 年竞赛款式（图 10-11）

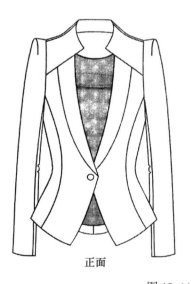 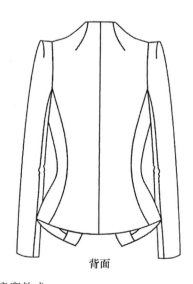

正面　　　　　　　　　　　　　　　背面

图 10-11　2013 年竞赛款式

参考文献

［1］三吉满智子. 服装造型学理论篇. 北京：中国纺织出版社，2006.

［2］欧阳心力，朱建军，谢良. 服装设计制作备赛指导. 北京：高等教育出版社，2010.

［3］陈桂林. 男装CAD工业制板. 北京：中国纺织出版社，2012.

［4］陈桂林. 服装CAD工业制板实战篇. 北京：中国纺织出版社，2012.

［5］袁惠芬，陈明艳. 服装构成原理. 北京：北京理工大学出版社，2010.

后记

　　在教材的编写过程中，作者力求做到在教材的编写内容上体现出"工学结合"的特点。教材的内容力求取之于工，用之于学，既吸纳本专业领域的最新技术，坚持理论联系实际、深入浅出的编写风格，并以大量的实例介绍了工业纸样的应用原理、方法与技巧。如果本书可以对服装教育的教学有所帮助，那我将深感荣幸。同时，更希望这本书能成为服装教育的教学体制改革道路上的一块探路石，以引出更多更好服装教学方法，来共同推动中国服装教育的发展。

　　作者长期从事高级服装设计和板型的研究工作，积累了丰富的实践操作经验。为了做好服装教材研究与辅导工作，作者特创立了中国服装网络学院，读者在操作过程中，有疑问可以通过中国服装网络学院交流。中国服装网络学院不定期增加新款教学视频，欢迎广大服装爱好者与我们一起探讨服装设计和服装技术的话题。

　　作者联系方式：Email: fzsj168@163.com　　电话：18911548978

作　者

2012年08月

中国国际贸易促进委员会纺织行业分会

　　中国国际贸易促进委员会纺织行业分会成立于 1988 年，成立以来，致力于促进中国和世界各国（地区）纺织服装业的贸易往来和经济技术合作，立足为纺织行业服务，为企业服务，以我们高质量的工作促进纺织行业的不断发展。

简况

◁)) **每年举办（或参与）约 20 个国际展览会**
涵盖纺织服装完整产业链，在中国北京、上海和美国、欧洲、俄罗斯、东南亚、日本等地举办
◁)) **广泛的国际联络网**
与全球近百家纺织服装界的协会和贸易商会保持联络
◁)) **业内外会员单位 2000 多家**
涵盖纺织服装全行业，以外向型企业为主
◁)) **纺织贸促网 www. ccpittex. com**
中英文，内容专业、全面，与几十家业内外网络链接
◁)) **《纺织贸促》月刊**
已创刊十八年，内容以经贸信息、协助企业开拓市场为主线
◁)) **中国纺织法律服务网 www. cntextilelaw. com**
专业、高质量的服务

业务项目概览

◁)) 中国国际纺织机械展览会暨 ITMA 亚洲展览会（每两年一届）
◁)) 中国国际纺织面料及辅料博览会（每年分春夏、秋冬两届，分别在北京、上海举办）
◁)) 中国国际家用纺织品及辅料博览会（每年分春夏、秋冬两届，均在上海举办）
◁)) 中国国际服装服饰博览会（每年举办一届）
◁)) 中国国际产业用纺织品及非织造布展览会（每两年一届，逢双数年举办）
◁)) 中国国际纺织纱线展览会（每年分春夏、秋冬两届，分别在北京、上海举办）
◁)) 中国国际针织博览会（每年举办一届）
◁)) 深圳国际纺织面料及辅料博览会（每年举办一届）
◁)) 美国 TEXWORLD 服装面料展（TEXWORLD USA）暨中国纺织品服装贸易展览会（面料）（每年 7 月在美国纽约举办）
◁)) 纽约国际服装采购展（APP）暨中国纺织品服装贸易展览会（服装）（每年 7 月在美国纽约举办）
◁)) 纽约国际家纺展（HTFSE）暨中国纺织品服装贸易展览会（家纺）（每年 7 月在美国纽约举办）
◁)) 中国纺织品服装贸易展览会（巴黎）（每年 9 月在巴黎举办）
◁)) 组织中国服装企业到美国、日本、欧洲及亚洲等其他地区参加各种展览会
◁)) 组织纺织服装行业的各种国际会议、研讨会
◁)) 纺织服装业国际贸易和投资环境研究、信息咨询服务
◁)) 纺织服装业法律服务

更多相关信息请点击**纺织贸促网 www. ccpittex. com**